职业教育新形态立体化教材
职业教育计算机类系列教材

IT终端设备的配置与维护

（微课版）

主 编　　刘云霞　　张海平　　陈　祺
参 编　　李晓堂　　王辉静　　刘君尧

西安电子科技大学出版社

内容简介

本书按照国家、行业对网络管理员岗位中 IT 终端管理的作业标准，从"设备采购—设备配置—设备维护"的典型工作任务出发，设计了 7 个项目。本书的编写以 IT 终端设备的自主可控为主线，从个人终端和服务器终端两种应用场景出发，介绍了台式计算机、笔记本电脑、移动智能终端和服务器的配置与维护的基本知识，内容不仅包含基本硬件系统的选购、组装、维护与维修等方面的知识，还包括常见软件系统的安装维护和常见故障处理，使学生能够胜任网络管理员岗位中最基本的终端设备的管理与维护工作。

本书在编写过程中以科技自立自强、信息技术应用创新为重点，坚持为党育人、为国育才理念，将"中国芯"和"国产化"等内容渗透到相关章节内容中，引导学生进一步了解计算机，合理使用计算机，养成爱国奉献、爱岗敬业和创新发展的精神面貌。

本书不仅适合职业教育和各种计算机维护培训班的学生使用，也可供计算机爱好者参考。

图书在版编目(CIP)数据

IT终端设备的配置与维护/ 刘云霞，张海平，陈祺主编. --西安： 西安电子科技大学出版社，2024.1(2025.1重印)
ISBN 978-7-5606-7150-5

Ⅰ.①I… Ⅱ.①刘… ②张… ③陈… Ⅲ.①计算机维护—高等职业教育—教材
Ⅳ.①TP307

策　　划　明政珠
责任编辑　明政珠　孟秋黎
出版发行　西安电子科技大学出版社(西安市太白南路 2 号)
电　　话　(029)88202421 88201467　　　邮　编　710071
网　　址　www.xduph.com　　　电子邮箱　xdupfxb001@163.com
经　　销　新华书店
印刷单位　陕西天意印务有限责任公司
版　　次　2024 年 1 月第 1 版　　2025 年 1 月第 2 次印刷
开　　本　787 毫米 × 1092 毫米　　1/16　　印 张　13
字　　数　304千字
定　　价　43.00 元
ISBN 978-7-5606-7150-5

XDUP 7452001-2

如有印装问题可调换

前　言

作者团队曾参加计算机网络技术专业教学资源库建设项目,编写并出版了教材《计算机维护与维修》。该教材被连续评选为"十二五""十三五"和"十四五"职业教育国家规划教材。随着信息技术的发展、计算机类型的拓宽及行业岗位技能需求的变化,课程内容也发生了变化,我们在原来《计算机维护与维修》教材的基础上,全面更新了教材的内容,并开发了配套的数字化教学资源。

在编写本书的过程中,我们积极学习落实党的二十大精神,全面贯彻党的教育方针,落实立德树人的根本任务,增强"四个意识"、坚定"四个自信"、做到"两个维护",把思想和行动统一到党的二十大精神上来,进一步把教材建设和教书育人结合起来。

本书主要围绕"管理与维护用户终端"和"管理与维护企业级应用服务器"这两个工作任务展开分析,进一步提炼出课程的 3 个教学模块,设计了 7 个项目。

模块一为 IT 终端设备的初步认识,包含 2 个项目:

项目 1　授业解惑 —— 认识 IT 终端设备;

项目 2　博古通今 —— 了解计算机的发展史与分类。

本模块通过对中国计算机发展史的学习,突出老一辈科研工作人员不畏艰难险阻、披荆斩棘的奋斗精神。

模块二为个人终端的配置与维护,是本书的核心内容,包含 4 个项目:

项目 3　化整为零 —— 台式计算机的硬件配置与组装;

项目 4　操作自如 —— 操作系统的配置与管理;

项目 5　本固邦宁 —— 笔记本电脑的配置与维护;

项目 6　精益求精 —— 其他移动智能终端的配置与应用。

本模块突出强调信息技术应用创新(信创)的重要性,从国产芯片的发展史入手,激励学生爱国求知,不断进行技术创新,提高自己的专业知识技能以及创新能力。

模块三为服务器的基础配置与管理,是课程的拓展部分,前面加了 * 标记,可满足专科层次以上学生的学习需求,高职高专学生可根据实际情况选用。本模块包含 1 个项目:

项目 7 牢固可靠 —— 服务器的安装与配置。

本模块强调服务的可靠性，从开源软件引入大局观的培养，重视生态建设和合作共赢。

本书的主要特色如下：

(1) 本书所有任务单元都有配套的微课视频，实战演练有录屏讲解、实操录制和动画展示 3 种形式。

(2) 本书重视信创，强调国产化，增加了中国计算机发展史以及统信 UOS 和 openEuler 两个国产操作系统的内容，将思政元素有机地融入教材中。

(3) 本书偏应用，采用的是项目化、任务式的编写方式，任何一个单元都可以抽离出来单独操作，可拆分、可替换。这使得教师和学生更容易个性化地定制学习材料，以满足不同学习需求。

(4) 本书结合了"互联网 +"教育新思维，在智慧树网站上有配套的线上课程，网站上有丰富的教学视频和大量的作业测试以及考核标准等，读者可以搜索"IT 终端设备的配置与维护"进行在线学习。

本书由深圳信息职业技术学院刘云霞、张海平和深圳城市职业学院陈祺任主编，李晓堂、王辉静和刘君尧参与编写。本书也是深圳市哲学社会科学规划课题 (SZ2022B027) 的成果之一。在编写本书的过程中，我们得到了深圳信息职业技术学院计算机学院各位领导和老师的大力支持，得到了张平安教授、但唐仁副教授、胡光武副教授、刘婷婷等老师的鼎力帮助。此外，本书得到了华为技术有限公司资深专家林云凌的全力协助，在此一并表示衷心的感谢！

由于作者水平有限，书中难免有不足之处，恳请广大读者批评指正。作者 E-mail：liuyx@sziit.edu.cn

刘云霞　张海平　陈祺

深圳信息职业技术学院

2023 年 9 月

目　录

模块 一

IT 终端设备的初步认识

项目 1 授业解惑——认识 IT 终端设备

🔲 知识目标

1. 了解 IT 的概念；
2. 了解 IT 的相关行业；
3. 掌握 IT 终端设备的分类。

🔲 能力目标

1. 了解与 IT 终端设备配置与维护相关的工作岗位；
2. 了解与 IT 终端设备配置与维护相关的岗位需求；
3. 能够识别常见的 IT 终端设备。

🔑 素养目标

1. 结合与 IT 终端设备配置和维护相关的工作岗位，明确该岗位需要的基本技能。
2. 培养基本的专业思维和职业规范意识。

◆ 学习情境

　　小明是一名普通的办公室职员，他每天需要处理大量的文字和数字数据，并且需要根据客户要求随时发送邮件进行沟通。在办公室，小明通常使用桌面电脑，但出差或者在家工作时，他需要使用笔记本电脑或智能手机。

　　工作完成后，小明可以使用智能手机查看工作邮件和聊天消息，以便在下班后跟进相关事项。如果他有空余时间，还可以使用智能手机阅读新闻或者玩游戏，放松身心。

　　在不同的情况下，小明利用不同的 IT 终端设备完成不同的工作任务，IT 终端设备成为小明工作和生活中随时随地使用的必要工具。IT 终端设备使得小明更加方便和容易地处理和传输信息，满足工作、生活和娱乐多种需求。

任务 1.1 初识 IT 终端设备

1.1.1 信息技术相关概念

1. 信息化的概念

信息化是指培养、发展以计算机为主的智能化工具所代表的新生产力，并使之造福于社会的历史过程。通俗来讲，信息化是指通过计算机技术和网络通信技术，对传统的物质生产、文化传播和社会交往等各个领域进行深度应用和改造的过程。具体来说，信息化包括计算机技术、通信技术、互联网技术和数字化技术等多种技术手段，可以使人们在生产、学习、交流、娱乐等各方面获得更高效、更便捷的服务和支持。

信息化的发展已经深刻地改变了人们的生活方式、思维方式和社会结构，成为 21 世纪社会发展的主流趋势之一。信息化涉及国民经济各个领域，它的意义不仅限于技术革命、产业发展，而且已逐步上升成为推动世界经济和社会全面发展的关键因素，成为人类进步的新标志。

2. 信息技术的概念

信息技术 (Information Technology，IT) 是指利用计算机、通信和网络技术，对信息进行收集、处理、存储、传输和展示的一系列技术手段与方法。信息技术包括计算机硬件和软件技术、数据传输和通信技术、数据库和信息管理技术、多媒体技术、人工智能 (Artificial Intelligence，AI) 和机器学习等，这些技术可以帮助人们更高效地获取和使用信息，提高工作效率和生产力。同时，信息技术也对社会的发展和变革产生了深刻的影响，改变了人们的生活方式和思维方式，催生了新的产业和商业模式，成为现代社会不可或缺的核心技术之一。

信息技术实际上有 3 个层次：

第 1 层是基础层。基础层是信息技术的最底层，包括计算机硬件、操作系统、数据库、网络通信等。这些基础设施支撑着所有的应用程序和平台技术，为整个信息技术提供了必要的物理基础和操作系统支持。

第 2 层是平台层。平台层是信息技术的中间层，包括数据中心的服务器、存储系统、网络设备等，以及各种支持性的技术，如虚拟化技术、云计算、大数据、人工智能等。这些技术支持各种应用程序的运行和数据的处理。

第 3 层是应用层。应用层是信息技术的最上层，包括各种应用软件和应用系统，如办公自动化、ERP(Enterprise Resource Planning，企业资源计划) 系统、CRM(Customer Relationship Management，客户关系管理) 系统、电子商务系统等。这些应用程序和系统能够利用底层的计算机硬件和操作系统，帮助用户完成各种工作任务。

3. IT 行业

IT 行业是信息技术产业的简称，包括所有与计算机、网络和信息技术相关的企业和组织。它涵盖了硬件、软件、网络、通信等各方面。IT 行业在现代社会中具有重要的地位和角色，它推动了信息化、数字化和智能化的发展。

IT 行业涵盖了各个领域，包括计算机硬件制造、软件开发、互联网服务、电子商务、移动通信、游戏开发、数据分析、人工智能等。IT 行业在经济发展中起着重要的推动作用。它促进了信息流通、高效管理和创新发展，为企业提供了更多的商业机会和竞争优势，同时也带来了新的就业机会，吸引了大量的专业人才。

随着科技的不断进步，IT 行业也在不断变革和演进。新兴技术，如人工智能、大数据、云计算、物联网等，为 IT 行业带来了新的发展机遇和挑战。未来，IT 行业将继续发展，推动社会的创新和进步。

我国的 IT 产业发展受益于庞大的市场规模、技术人才和政策支持，在以下方面取得了快速的发展。

(1) 电子设备制造：主要涉及计算机、手机、平板电脑、智能穿戴设备等。中国是全球最大的电子产品制造基地之一，是全球供应链的重要一环。许多国际知名的电子设备制造商在中国设有生产基地。

(2) 网络和通信设备：主要涵盖网络交换设备、路由器、光纤和无线通信设备等。中国是全球最大的网络设备制造国，华为、中兴通讯等通信技术公司具备一定的国际影响力，并在全球市场取得了显著成就。

(3) 互联网和电子商务：中国的互联网和电子商务行业经历了爆炸性增长。中国已成为全球最大的互联网用户国家，并且拥有繁荣的电子商务市场。许多知名的互联网巨头公司，如阿里巴巴、腾讯、百度等，已经成为全球领先的互联网企业。

(4) 软件开发和 IT 服务：中国的软件开发和 IT 服务行业也在快速发展。国内外著名的企业都在中国设立研发中心，以利用中国丰富的人才和良好的创新环境。同时，中国还涌现出一批有实力的软件开发公司和 IT 服务提供商。

(5) 人工智能和大数据：政府将人工智能和大数据发展视为重要战略，中国的人工智能技术和应用日益成熟，在人脸识别、语音识别、自然语言处理等领域广泛应用。中国在大数据领域具备较强的基础，并且正在积极探索其商业应用。

未来，随着技术的进步和创新的推动，中国 IT 产业有望继续保持快速发展，并为经济增长和社会进步作出更大的贡献。

1.1.2　IT 终端设备的分类

IT 终端设备主要是指用于进行信息处理和数据交互的计算机设备。它们包括台式计算机、笔记本电脑、平板电脑、智能手机、PDA(Personal Digital Assistant，掌上电脑)等各种便携式设备，以及工业自动化控制面板、触摸屏、智能穿戴设备等多种形态的终端设备，如图 1-1 所示。

初识 IT
终端设备

图 1-1　常见的 IT 终端设备

IT终端设备被广泛应用于商业、教育、医疗、娱乐等领域，已成为现代生活、工作和社交不可或缺的一部分。以下是一些常见的 IT 终端设备类型：

(1) 个人电脑 (Personal Computer，PC)。PC 主要包括台式计算机、一体机和笔记本电脑。个人电脑是最常见的 IT 终端设备之一，用于各种办公、娱乐和学习活动。

(2) 平板电脑。平板电脑具有便携性和触摸屏功能，适合移动办公和娱乐使用。

(3) 智能手机。智能手机具备计算、通信和娱乐功能，并且可以安装各种应用程序。

(4) 服务器。服务器是用于存储和处理大量数据、提供网络服务的高性能计算设备。

(5) 电视。电视不仅用于观看广播节目，而且可连接互联网并提供各种在线服务，可称之为智能电视。

(6) 游戏主机。游戏主机是专门用于玩电子游戏的设备，如 PlayStation、Xbox 等。

(7) 路由器和交换机。这些设备用于网络连接和数据传输，路由器用于连接多个网络，而交换机用于连接不同设备。

(8) 智能穿戴设备。智能手表、智能眼镜和健康追踪器等可穿戴设备通常与智能手机或其他设备配对使用。

(9) 打印机和扫描仪。打印机用于将电子文档打印成纸质形式，扫描仪用于将纸质文档转换为电子文档。

(10) 摄像头和音频设备。摄像头用于视频会议、在线学习和视频录制，音频设备包括麦克风和扬声器，用于音频通信和音频内容播放。

随着技术的不断发展和创新，新型终端设备也在不断涌现。本书主要针对前面 4 种终端设备展开讲解。

1.1.3　IT 终端设备的特点及发展趋势

1. IT 终端设备的特点

IT 终端设备是指在信息技术领域中作为终端使用的各种设备，具有以下几个特点：

(1) 多功能性。IT 终端设备通常具备多种功能，能够支持数据的处理和存储、进行通信、浏览互联网、运行各种应用程序等。这使得用户能够在同一设备上完成多种任务。

(2) 联网性。现代 IT 终端设备通常具备联网能力，可以通过无线或有线网络与其他设备或互联网进行连接。这使得用户可以获取实时信息、进行在线通信、访问远程服务等。

(3) 移动性。许多 IT 终端设备具有便携性，如笔记本电脑、平板电脑和智能手机等。这使得用户可以随时随地使用设备，并在不同环境中灵活工作或娱乐。

(4) 用户友好性。IT 终端设备通常易于使用和操作，具有直观的用户界面和交互方式。这降低了用户的学习和操作难度，提高了设备的可用性。

(5) 安全性。由于 IT 终端设备处理和存储大量的个人和机密信息，安全性成为一个重要关注点。现代 IT 终端设备通常具备安全功能，如指纹识别、面部识别、加密存储等，以保护用户的数据和隐私。

(6) 可扩展性。许多 IT 终端设备具备可扩展的特性，允许用户根据需要增加存储容量、添加外部设备或连接其他硬件。这提供了灵活性和可定制性，在满足不同需求和应用场景时更加方便。

(7) 高性能。随着技术的不断进步，IT 终端设备的处理能力和性能得到了显著提升。现代设备通常具备快速的处理器、大容量的内存和高分辨率的显示屏，以提供卓越的用户体验。

这些特点使得 IT 终端设备成为人们日常生活和工作中不可或缺的工具，可提升效率，提供便利性和娱乐性，推动了数字化社会的发展。

2. IT 终端设备的发展趋势

IT 行业从行业变革的引领者到创新变化的探索者，始终处于每一轮技术变革的潮头浪尖。伴随着人工智能、物联网等技术的共同发展，IT 终端设备的演进发展方向有以下特点：

(1) 智能硬件大量出现。人工智能是将终端产业发展推向下一个高点的直接动力，智能硬件既是这场技术变革的先发条件，也是提供智能服务所依赖的载体。在效仿人类感知、辅助人类计算和记忆、依赖人类知识模型和决策经验的专有领域，智能硬件将大量出现，人与智能终端的交互方式将更加自然，设备会越来越"懂你"。

(2) 智能终端和传感器将无处不在。物联网将人与万物接入同一张网，让人与机器随时互动，人的一切可以数据化的行为、反应，都会引起机器和生产线的波动；各种数据在云端交汇，大量计算通过云服务器完成，再通过产品与服务反馈于人，循环上升，从而把人的多样性与物质世界联系在一起，共同进化。

(3) 虚拟现实和增强现实。虚拟现实(Virtual Reality，VR)和增强现实(Augmented Reality，AR)技术的进步将为 IT 终端设备带来全新的用户体验。终端设备将更好地呈现虚拟世界和现实世界的交互，开拓教育、娱乐、培训等领域的应用。

(4) 智能终端将具备新的交互界面以及新的操控方式。随着计算机图像视觉、语音识别和自然语言处理方面的进步，人机交互的形态被重新改写，人机交互方式从键盘、鼠标、屏幕触摸过渡到语音识别。终端设备可以做到听、看、说、写，是一个越来越智能、越来越"懂你"的"小伙伴"。虚拟现实、智能家居在语音、图形交互界面上的创新，智能机器人、无人机在操控方式上的创新，终将延长人与设备的交互时长，细化信息交互的颗粒度（详细和清晰程度），实现人与机器的深度交流。

任务 1.2 了解 IT 终端设备配置与维护的具体任务

1.2.1 IT 终端设备配置与维护相关的工作岗位

IT 终端设备的配置与维护是指对计算机、笔记本电脑、平板电脑、智能手机等各种终端设备进行配置和保养的工作。相关的工作岗位如下：

(1) IT 技术支持工程师：负责终端设备的日常维护与故障排除，包括安装、配置、升级、更新、修复以及备份等工作。

(2) 系统管理员：负责终端设备的操作系统及相关软件的安装、配置、管理和维护工作，包括系统优化、安全策略、用户权限管理等。

(3) 网络管理员：负责终端设备的网络连接与配置工作，包括局域网、广域网、路由器、交换机等网络设备的安装、配置、管理和维护。

(4) 数据库管理员：负责终端设备上数据库的安装、配置、管理和维护工作，包括数据备份、恢复、优化、安全性等。

(5) 安全管理员：负责终端设备的安全管理工作，包括防病毒、防火墙、安全策略等，确保终端设备的安全性。

(6) 项目经理：负责终端设备相关项目的规划、实施、监督和管理工作，确保项目的顺利完成。

(7) IT 运维工程师：负责终端设备的运维工作，包括设备监控、故障排除、性能优化等，确保终端设备的稳定性和可靠性。

1.2.2 IT 终端设备配置与维护的典型工作任务

1. IT 终端设备管理的内容

IT 终端设备管理是指对企业或组织内部的计算机、笔记本电脑、手机、平板电脑等终端设备进行统一管理、维护、监控和更新的过程。这项工作的目的是确保设备的安全性、稳定性和可靠性，同时提高用户的工作效率及提升用户体验。

IT 终端设备管理的主要内容包括以下几个方面：

(1) 设备采购与配置：包括确定合适的设备型号和规格、采购设备、设备配置和初始化等。这一步骤需要考虑组织的需求、预算以及设备的功能和性能。

(2) 设备部署与安装：涉及设备的物理安装、连接和设置。这包括使用合适的布线方式、确定设备的位置和摆放、进行电源和网络的连接等。

(3) 设备监控与维护：对设备运行状态进行监控、故障排查和维护。这包括定期检查设备的硬件和软件状态、安装安全补丁和更新、故障处理、备份和恢复等。

（4）设备安全与保护：涉及设备的安全策略和措施，以保护设备和数据的安全性。这包括设置设备访问权限、安装和更新防病毒和防恶意软件、加密数据、进行远程锁定和擦除数据等。

（5）软件管理：包括安装、更新和升级设备上的软件应用程序和操作系统。这需要确保软件的合法性和安全性，同时管理软件许可证和版本控制。

（6）设备故障处理与维修：当设备出现故障时，需要进行故障排查和处理。这可能涉及硬件维修、更换零部件、软件修复和恢复等。

（7）设备更新和退役：及时跟进设备的更新和升级，并安全地将旧设备退役。这包括更新设备的操作系统和软件、进行设备的数据迁移和备份，最终安全地处置和回收设备。

（8）设备合规性和监管：确保设备与相关法规和政策保持一致，并且设备管理过程符合信息安全和隐私保护的要求。这需要建立合规性审计和监管机制，确保设备管理的合法性和规范性。

综上所述，IT 终端设备管理的主要内容包括采购与配置、部署与安装、监控与维护、安全与保护、软件管理、故障处理与维修、更新和退役以及合规性和监管等方面。采用有效的设备管理，可以确保设备的稳定运行、减少故障风险、提高安全性和维护数据的完整性。

2. IT 终端设备配置与维护的典型工作任务

IT 终端设备管理可以提高企业或组织的信息化水平和管理效率，同时减少设备故障和数据丢失的风险，提高用户的满意度和信任度。

IT 终端设备的配置与维护涉及多个典型工作任务，其中包括：

（1）设备硬件配置：根据用户需求和应用要求选择合适的硬件配置，如处理器、内存、存储等，并进行设备硬件的安装和设置。

（2）操作系统安装与配置：安装和配置适当的操作系统，包括选择合适的版本、进行系统设置、更新和升级等。

（3）驱动程序安装与更新：安装设备所需的驱动程序，确保硬件和操作系统之间的兼容性；定期更新驱动程序以修复漏洞和提升性能。

（4）应用软件安装与配置：根据用户需求安装所需的软件应用程序，并进行配置和设置以满足用户的特定需求。

（5）网络连接和配置：设置设备的网络连接，包括无线网络和有线网络的配置、IP 地址 (Internet Protocol Address，网际协议地址) 分配、DNS(Domain Name System，域名系统) 设置等。

（6）安全补丁与漏洞修复：定期进行操作系统和应用程序的安全补丁与漏洞修复，以保护设备免受已知的安全威胁。

（7）数据备份与恢复：定期备份设备中重要的数据和文件，并确保备份数据的可靠性和完整性。同时，测试备份数据的恢复过程以确保数据的可恢复性。

（8）病毒和恶意软件防护：安装和配置防病毒软件与防恶意软件工具，定期进行病毒扫描和恶意软件检测，保护终端设备免受恶意攻击。

（9）硬件维护和清洁：定期对设备的硬件进行清洁和维护，如清理键盘、屏幕、风扇等，确保设备的正常运行和稳定性。

(10) 设备性能监控与优化：使用性能监控工具观察设备的性能指标，如CPU(Central Processing Unit，中央处理器)使用率、内存占用等，根据需要进行性能优化，提高设备的工作效率和响应速度。

(11) 故障排除与维修：对设备出现的故障进行排查和维修，可能涉及硬件部件的更换、设备的修复或联系制造商进行维修申请。

(12) 设备更新和替换：根据设备的使用寿命、性能要求和用户需求，定期进行设备的更新和替换，以保持设备的可靠性和时效性。

这些典型工作任务旨在确保设备的正常运行、性能的高效利用和操作的安全。通过终端设备配置与维护的工作，可以提高工作效率，减少故障和安全漏洞，延长设备的使用寿命。

任务 1.3　了解 IT 终端技术人员的基本技能要求

由于计算机技术人员的职业和工作环境不同，因而不同职业所需的各项具体技能水平也会有所差异。IT终端配置与维护的技术人员需要掌握技术支持、软硬件维护、病毒防护系统管理、设备维护管理和文档整理等专业技能。

1. 技术支持

(1) 对客户端操作系统及常用应用软件进行调试、管理、更新、升级、故障检测及排除；

(2) 接听技术支持电话，尽快判断故障并进行排除；

(3) 负责所有IT基础设施的支持及维护，确保IT系统的平稳运行。

2. 软硬件维护

(1) 对设备硬件进行检测、故障诊断和维修协调；

(2) 通过设备的使用状况和外观判断设备的运行情况，对于可能出现的问题与用户进行沟通，在不影响用户工作的情况下，安排保养或维修的日程；

(3) 对计算机的软件系统进行必要的检查和维护。

3. 病毒防护系统管理

(1) 安装、管理、维护客户端计算机的病毒防护系统；

(2) 定期对服务器上的病毒库进行更新，培训用户的计算机病毒防护知识和防病毒软件的使用；

(3) 建立用户的防病毒意识，升级、更新、优化用户已有的病毒防治系统；

(4) 定期提供病毒检测、告警及最新预防措施，提供紧急病毒故障处理服务，对突发的新计算机病毒进行及时响应。

4. 设备维护管理

(1) 处理计算机、打印机、投影设备等办公设备在使用中出现的异常状态，如果无法排除故障，则应及时与经销商联系，尽快解决；

(2) 注意耗材的使用情况，及时更换，确保设备的正常使用。

5. 文档整理

(1) 协助相关人员完成各种 IT 设备的信息资料收集和统计；

(2) 提供技术支持及系统运营支持的问题反馈报告；

(3) 编写和维护信息系统日常管理的技术文档。

一方面，IT 技术人员需要具备出色的故障排除技能和客户服务技能，同时需要具备良好的沟通技能和团队合作能力，能够与用户和团队有效地进行交流，理解用户需求并提供满意的解决方案。另一方面，由于 IT 技术发展迅速，因此 IT 终端设备配置与维护相关的技术人员需要具备持续学习和更新的意识，紧随行业变化并掌握新兴技术和解决方案。

任务 1.4 实战演练：岗位需求调研

1. 训练目的

了解与 IT 终端设备的配置与维护相关的岗位需求。

2. 训练内容

与 IT 终端设备的配置与维护相关的岗位调研。

(1) 岗位需求调研：可以在招聘网站、社交媒体等渠道上搜索与 IT 终端配置和维护相关的职位，收集信息。

(2) 分类整理：将搜集到的信息进行分类整理，包括职位名称、招聘公司、职责描述、薪资等。

(3) 小组汇报：让学生分组汇报，现场模拟与 IT 终端配置和维护相关的职位招聘面试，以评估不同职位的需求和技能。

(4) 总结反思：小组汇报结束后，师生一起进行总结反思，了解与 IT 终端设备配置和维护相关的岗位需求和技能，以及在实践中相关的配置、维护、修复任务。

◎ 项目总结

IT 终端设备是指个人或企业中使用的计算机设备，包括桌面电脑、笔记本电脑、平板电脑、智能手机和服务器等。配置与维护 IT 终端设备是确保设备正常运行、安全性和性能的关键任务。

IT 终端设备配置与维护技术人员需要具备硬件知识、操作系统和应用程序知识、网络知识、安全意识、故障排除技能等，并具备良好的沟通和协作能力，持续学习和更新能力也是必要的，以跟随技术的发展和适应新的需求。通过配置和维护，能够提高设备的可靠性、安全性和性能，延长设备的使用寿命，为用户提供良好的使用体验。

习题

1. 列举几种常见的 IT 终端设备。

2. IT 终端设备配置与维护的目标是什么？

3. 举例说明 IT 终端设备的硬件配置工作有哪些内容。

4. IT 终端设备配置与维护技术人员需要具备哪些技能和特质？试列举几个。

项目2　博古通今——了解计算机的发展史与分类

知识目标

1. 了解计算机的发展历程；
2. 了解中国计算机的发展史；
3. 概括计算机的分类；
4. 了解计算机的特点与影响。

能力目标

1. 能够根据场景选择不同类型的计算机；
2. 关注计算机技术的可持续和健康发展。

素养目标

1. 聚焦中国计算机的发展史，坚定理想信念，培养使命感和责任心；
2. 学习科研人员身上那种不畏艰难、勇于奋斗的科研精神。

学习情境

如今，计算机已经在人们日常生活中无处不在。无论是个人电脑、笔记本电脑、智能手机还是平板电脑，计算机技术已经贯穿于人们的工作、学习和娱乐之中。同时，云计算、人工智能、大数据等新兴技术也为计算机带来了更广阔的应用领域。

了解计算机的发展史与特点，能够帮助我们认识计算机是如何从简单的计算工具演变为现代高度智能化的设备，同时也让我们对计算机未来的发展充满期待。在这个数字化的时代，了解计算机的发展史是我们掌握科技潮流和适应社会变革的重要一步。

任务 2.1　纵观计算机的发展历程

　　计算机的发展是科技进步的一个重要组成部分，它从最初的简单计算工具发展到如今的智能化系统，影响和改变了人类社会的方方面面。纵观计算机的发展历程，我们可以看到一系列的里程碑式的进展，它们极大地推动了人类社会的发展和变革。下面按图 2-1 所示的框架来了解计算机历史上精彩的瞬间。

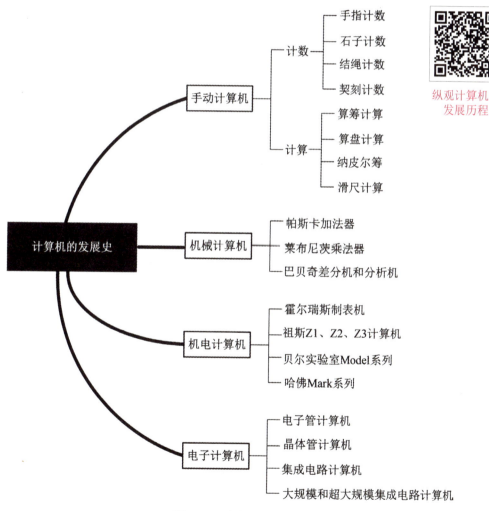

纵观计算机的
发展历程

图 2-1　计算机发展史

1. 手动计算机时代

中国的算盘历史悠久，算盘可以说是最早的手动计算机，如图 2-2 所示。

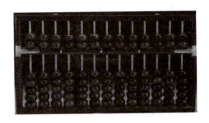

图 2-2　算盘

纳皮尔筹的本质类似于我国的九九乘法表。纳皮尔发明了对数，滑尺计算就是由对数引出的计算。如图 2-3 所示，这个尺子是按照对数来制作的，图中 $\lg 2 + \lg 3 = \lg(2 \times 3) = \lg 6$。

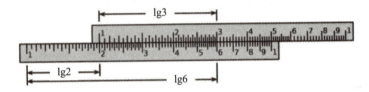

图 2-3　滑尺

无论是算盘、纳皮尔筹还是滑尺，都需要人参与具体过程和计算细节。随着人类文明的发展，人们希望有自动给出计算结果的机器出现，于是进入了机械计算机时代。

2. 机械计算机时代

机械计算机时代是从 17 世纪初到 19 世纪末。法国物理学家帕斯卡在 1642 年发明了第一台机械式加法器，如图 2-4 所示。该机器由齿轮组成，靠发条驱动，用专用的铁笔来拨动转轮以输入数字。

图 2-4　帕斯卡加法器

德国的数学家莱布尼茨对二进制的发明也有较大的贡献，它是现代计算机计算的基础。莱布尼茨当时做了个机械式乘除法器，如图 2-5 所示。

1—输入装置；
2—传动曲柄；
3—结果显示器；
4—计转器；
5—滑动曲柄。

图 2-5　机械式乘除法器

有关计算机的发展史，上面都是铺垫，直到巴贝奇差分机(见图2-6)的出现，才有了现代计算机的理念。作为现代计算机的鼻祖，巴贝奇差分机的思维超前，很多理念与现代计算机的原理非常相似，虽然巴贝奇差分机最终没有实际制造出来，但给后人留下了宝贵的财富。

图 2-6　巴贝奇差分机

在机械计算机时代，人们用各种方式来制造精巧的机器，让机器完成简单的计算，这是很大的飞跃，因为它把人从具体的计算过程中解放出来了。

3. 机电计算机时代

机电计算机时代是从 19 世纪末到 20 世纪 40 年代。机械和机电一字之差，关键在于电的驱动。机电计算机时代起源于霍尔瑞斯发明了穿孔卡片制表机，它标志着自动处理数据的开端，如图 2-7 所示。

图 2-7　霍尔瑞斯和他的第一台穿孔卡片制表机

德国著名的计算机先驱祖斯在 1935—1945 这 10 年左右的时间，先后建成了 Z1、Z2、Z3、Z4 计算机，这些计算机时运不济，命途多舛，要么不被重用，要么被战火吞噬。

在第二次世界大战中，美国有关各类计算机的研究广泛开展，比如贝尔实验室的 Model 系列。也就是从这时开始，美国在信息领域的领先地位开始建立。如图 2-8 所示的继电器计算机就是在这一时期出现的。哈佛 Mark Ⅱ 是当时最大的继电器计算机，有 13 000 多个继电器。

图 2-8　继电器计算机

4. 电子计算机时代

电子计算机时代是从 20 世纪 40 年代至今。继电器虽然可以用来做计算机零件，但它是机械的，反复动作容易失效，而且速度还很慢。为了克服这些缺点，出现了电子管，也称真空管。继电器能做的二进制功能逻辑，电子管都能做，而且运算速度快 1000 倍。1946 年，世界上出现了第一台电子数值积分计算机(Electronic Numerical Integrator And Computer，ENIAC)，它是世界上第一台通用计算机，如图 2-9 所示。ENIAC 是完整意义的电子计算机，能够重新编程，解决各种计算问题。ENIAC 由美国宾夕法尼亚大学莫尔电工学院制造，其体积庞大，占地面积 170 多平方米，重量约 30 吨，耗电功率近 100 千瓦。

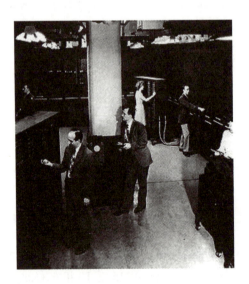

图 2-9　电子数值积分计算机

电子管计算机运算速度固然快，但很昂贵，而且电子管工作的时候容易发热，经常被烧坏，这对于稳定性来说是很致命的。鉴于电子管的缺点，人们开始研究新的器材，于是发明了晶体管，晶体管改变了世界。1956 年，第二代电子计算机 —— 晶体管电子计算机诞生了，它的体积有所缩小，只要几个大一点的柜子就可将它容下，而且运算速度也大幅提高。尽管晶体管使计算机体积缩小了很多，但计算机仍然是庞然大物，是否还能继续进行压缩？能否在一块硅片上制造多个晶体管？因此，集成电路应运而生。

1964 年出现了第三代集成电路计算机，以中小规模集成电路 (Small，Medium Scale Integration，简写为 SSI 或 MSI) 为主要部件，计算机进入新的发展阶段。1976 年，出现了由大规模集成电路 (Large Scale Integration，LSI) 和超大规模集成电路 (Very Large Scale Integration，VLSI) 制成的"克雷一号"，计算机进入了第四代。超大规模集成电路的出现，使电子计算机不断向着小型化、微型化、低功耗、智能化、系统化的方向更新换代。电子计算机的发展历程如表 2-1 所示，从使用的元器件和软件类型可看出时代的变迁。

表 2-1　电子计算机的发展历程

代 别	年 代	使用的元器件	使用的软件类型	主要应用领域
第一代	20 世纪 40 年代中期至 50 年代末期	CPU：电子管 内存：磁鼓	使用机器语言和汇编语言编写程序	科学和工程计算
第二代	20 世纪 50 年代中后期至 60 年代中期	CPU：晶体管 内存：磁芯	使用 FORTRAN 等高级程序设计语言	开始广泛应用于数据处理领域
第三代	20 世纪 60 年代中期至 70 年代初期	CPU：SSI、MSI 内存：SSI、MSI 的半导体存储器	操作系统、数据库管理系统等开始使用	在科学计算、数据处理、工业控制等领域得到广泛应用
第四代	20 世纪 70 年代中期以来	CPU：LSI、VLSI 内存：LSI、VLSI 的半导体存储器	软件开发工具和平台、分布式计算、网络软件等开始广泛使用	深入到各行各业、家庭，个人开始使用计算机

关于第五代电子计算机，计算机界有 3 种观点：

(1) 有人沿着按集成电路的集成度划分计算机发展时代的标准，称第五代电子计算机是巨大规模集成电路 (Ultra Large Scale Integration，ULSI) 计算机，在硬件方面，第五代计算机与第四代计算机没有明显的分界线。

(2) 有人认为第五代电子计算机是智能计算机，具有广博的知识、会自动学习、能够思维推理。这样，第五代计算机与第四代计算机的区别主要是在软件方面，而二者在硬件方面根本没有分界线。

(3) 还有些人提出：第五代计算机是"原子计算机""分子计算机""量子计算机""生物计算机"等。但是，这些计算机都不是电子计算机。有专家建议，后面不再沿用"第 X 代计算机"的说法。

与早期的那些机器相比，今天的计算机令人惊异，不仅速度快了成千上万倍，而且可以放在桌子上、膝盖上甚至口袋中。进入 21 世纪，计算机更是进入笔记本化、微型化和专业化发展，每秒运算速度超过 100 万次，不但操作简易、价格便宜，而且可以代替人们的部分脑力劳动，甚至在某些方面扩展了人的智能。

以上计算机的发展过程主要是从计算机硬件角度划分的，随着科技的不断进步和创新，未来的计算机有无限可能。

任务 2.2　了解中国计算机的发展史

中国计算机产业从一穷二白发展到今天，是一代代科研工作者的不断努力、艰苦奋斗的成果。以下是中国计算机发展的主要阶段。

1. 启航阶段 (20 世纪 50 年代至 20 世纪 60 年代)

中国计算机的发展起步相对较晚，受到物质条件和政治环境的限制。在这一阶段，中国依靠自主研发和引进技术，开始建立起计算机教育和科研体系，标志性事件如图 2-10 所示。

了解中国计算机的发展历程

图 2-10　中国计算机的启航阶段

2. 初始发展阶段 (20 世纪 60 年代至 20 世纪 70 年代)

中苏"蜜月"结束后，前苏联撤走了所有对华援助，其中也包括计算机方面的专家和设备。面对人才紧缺的问题，中国计算所筹委会连续举办了四期计算机培训班，先后培养出七百多名计算机方面的科研人员，中国的计算机事业初步发展起来，如图 2-11 所示。整个 60 年代，国内计算机研发都是围绕重大国防工程进行的，忽视了社会生产建设的需求。

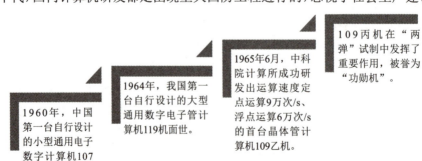

图 2-11　中国计算机的初始发展阶段

3. 工业发展雏形形成阶段(20 世纪 70 年代至 20 世纪 80 年代)

在这一阶段,中国开始大规模引进计算机技术,出现了如图 2-12 所示的典型计算机。从此,中国大型计算机研发逐渐转移到经济建设层面,在石油勘探、气象预报、科学计算等领域肩负起新的使命。

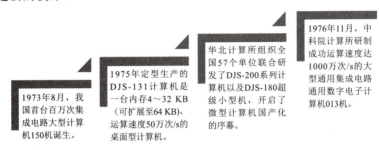

图 2-12 中国计算机工业发展雏形形成阶段

4. 自主研发和产业化阶段(20 世纪 80 年代至 2000 年)

在这一阶段,中国计算机产业取得了一定的发展。20 世纪 80 年代初,中国已经能够仿制 8080、6800 等芯片,但是却没有把 CPU 的研究独立出来,为以后的发展埋下了隐患。我国 20 世纪 70 年代末至 80 年代初自主研制的计算机项目,与集成电路和半导体研发一起,都因各种原因被停掉了。不重视研发设计过程,使得我国的计算机技术发展放缓。经过极其艰苦的努力,20 世纪 90 年代中国的超级计算机逐步发展起来,如图 2-13 所示。

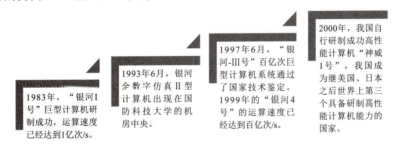

图 2-13 中国计算机自主研发和产业化阶段

5. 高速发展和创新阶段(2010 年至今)

这一阶段,中国计算机产业发展速度进一步加快,出现了许多创新的技术和应用。中国在高性能计算、人工智能、云计算等领域取得了显著成就。中国在超级计算机方面发展迅速,取得了辉煌的成就,如图 2-14 所示。

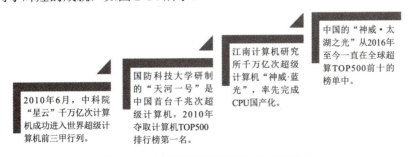

图 2-14 中国计算机高速发展和创新阶段

纵观中国计算机的发展史，也是一部中国科技发展史，我们老一辈科研工作人员不畏艰难险阻，披荆斩棘，才有了今天的成果。这种艰苦奋斗，为国家科技发展作出奉献的精神值得我们传承，同时也时刻提醒我们，只有经过艰苦卓绝的努力奋斗，逐步掌握芯片、操作系统等核心科技，才能保证中国计算机事业的长远发展。

任务 2.3　了解计算机的分类

概括计算机
的分类

计算机的种类很多，可以从不同的角度进行分类。计算机按内部逻辑结构可分为 8 位、16 位、32 位、64 位计算机，按 CPU 的数量可分为单 CPU、多 CPU 计算机等；按照性能可分为巨型计算机、大型计算机、小型计算机、微型计算机、嵌入式计算机等。

1. 巨型计算机

巨型计算机 (Supercomputer) 又称超级计算机，是计算机中功能最强、运算速度最快、存储容量最大的一类计算机，采用大规模并行处理的结构，由数以百计、千计、万计的 CPU 共同完成系统软件和应用软件的运行任务。它多用于军事、科研、气象预报、石油勘探、飞机设计模拟、生物信息处理、破解密码等国家高科技和尖端技术研究领域，是国家科技发展水平和综合国力的重要标志。

目前，美国、日本和中国是世界上高性能计算机的研制、生产国。中国是第一个以发展中国家的身份成功自主研发了超级计算机的国家。我国的超级计算机主要包括天河、银河、曙光系列等。从历年 TOP500 名单来看，中国在顶尖超级计算机研发上的努力已经突显出来，自 2010 年凭借"天河一号"首次问鼎 TOP500 后，"天河二号"创下了六连冠的辉煌成绩。图 2-15 为中国首台千兆次超级计算机"天河一号"，图 2-16 为五次蝉联冠军的"神威·太湖之光"超级计算机。

2. 大型计算机

大型计算机 (Mainframe) 是用来处理大容量数据的机器。它运算速度快、存储容量大、联网通信功能完善、可靠性高、安全性好，但价格比较贵，一般为大中型企事业单位 (如银行、机场等) 的数据提供集中的存储、管理和处理，承担企业级服务器的功能，同时为许多用户执行信息处理任务。

图 2-15　"天河一号"超级计算机

图 2-16 "神威·太湖之光"超级计算机

3. 小型计算机

小型计算机 (Minicomputer) 是相对于大型计算机而言的。小型计算机的软硬件系统规模比较小，但价格低、可靠性高、便于维护和使用，一般为中小型企事业单位或某一部门所用。

4. 微型计算机

微型计算机又称微机、微电脑等，是第四代计算机时期开始出现的一个新机种，是由大规模集成电路组成的、体积较小的电子计算机。它是以微处理器为基础，配以内存储器及输入 / 输出 (Input/Output，I/O) 接口电路和相应的辅助电路而构成的裸机，其体积小、灵活性大、价格便宜、使用方便。微型计算机包括个人计算机、服务器、工作站和工业控制计算机 4 种。

1) 个人计算机

个人计算机又可分为以下 5 种类型：

(1) 台式计算机。台式计算机又称桌面机或台式机，它的主机 (除了输入、输出部分)、显示器等设备一般都是相对独立的，需要放置在电脑桌或专门的工作台上。台式机的优点就是耐用以及价格实惠，与其他类型的个人计算机相比，相同价格前提下配置较好，散热性较好，若配件损坏则更换价格相对便宜；缺点是体积较大，不便携带。台式计算机主要由主机、显示器、鼠标和键盘等单独的部件组成，如图 2-17 所示。

图 2-17 台式计算机

(2) 一体机。一体机是由 1 台显示器 (其中集成了主机)、1 个键盘和 1 个鼠标组成的计算机，如图 2-18 所示。只要将键盘和鼠标连接到显示器上，机器就能使用。1998 年，苹果公司创造性地推出了首款一体机——iMac G3。三星、索尼、神舟等厂商也相继推出了一体机产品。它是将主机部分、显示器部分整合到一起的新形态计算机，该产品的创新在于内部元件的高度集成。随着无线技术的发展，一体机的键盘、鼠标与显示器可实现无线连接，机器只有一根电源线。

图 2-18　一体机

(3) 笔记本电脑。笔记本电脑又被称为"便携式电脑"，它将 CPU、屏幕和键盘合并在一个单独的箱子中，不使用时可以将屏幕向下折叠到键盘上，其最大的特点是机身小巧，相比台式机携带方便。笔记本电脑当前的发展趋势是体积越来越小，重量越来越轻，而功能却越来越强大。在日常操作、基本商务和娱乐操作中，笔记本电脑是完全可以胜任的。

(4) 掌上电脑和智能手机。掌上电脑是一种小巧、轻便、易带、实用、较廉价的手持式计算机。在掌上电脑的基础上加上手机功能，就成了智能手机。智能手机既方便随身携带，又为软件运行和内容服务提供了广阔的舞台，很多增值业务可以就此展开，如股票、新闻、天气、交通、商品、应用程序下载、音乐图片下载等。

(5) 平板电脑。平板电脑是一种小型、方便携带的个人电脑，以触摸屏作为基本的输入设备。它拥有的触摸屏 (也称为数位板技术) 允许用户通过触控笔或数字笔来进行作业而不是传统的键盘或鼠标。

2) 服务器

服务器 (Server) 专指某些高性能计算机，能通过网络对外提供服务，如图 2-19 所示。相对于普通计算机来说，服务器在稳定性、安全性等方面的要求更高。

图 2-19　服务器

从原理上讲，任何计算机都可以作为服务器使用，巨型机和大型机可以作为企业级服务器，专用的服务器可作为部门级服务器，一般的 PC 可以作为工作组服务器或打印服务器。由于需要大量服务器，一些计算机厂家专门设计制造了称为"服务器"的计算机产品，取代了传统的小型计算机。其特点是：存储容量大，存取速度快，网络通信功能强，可靠性好。

3) 工作站

工作站 (Workstation) 是一种高档的微型计算机，通常配有高分辨率的大屏幕显示器及容量很大的内、外存储器，并且具有较强的信息处理功能以及图形、图像处理功能和联网功能。工作站主要面向工程设计、动画制作、科学研究、软件开发、金融管理、信息服务、模拟仿真等专业领域。HP 工作站如图 2-20 所示。

图 2-20 HP 工作站

4) 工业控制计算机

工业控制计算机 (Industry Personal Computer，IPC) 是一种采用总线结构，对生产过程及其机电设备、工艺装备进行检测与控制的计算机系统的总称，简称工控机。目前工控机的主要类别有 PC 总线工业计算机、PLC(Programmale Logic Controller，可编程控制系统)、DCS(Distributed Control System，分散型控制系统)、FCS(Fieldbus Control System，现场总线系统) 及 CNC(Computer Numerical Contrel，数控系统)5 种。

任务 2.4 了解计算机的特点、作用与影响

计算机是一种能按照事先存储的程序，自动、高速地进行大量数值计算和各种信息处理的现代化智能电子设备。通过访问 Internet，我们可以与全世界联网的人们进行通信以及查找大量的信息。计算机是通用的信息处理工具，它可以科学计算、制作图案、处理文字、管理数据、系统控制、游戏娱乐、收发邮件、播放音乐、设计产品、帮助决策、模拟仿真、制作影视特技、寻找信息等。

1. 计算机的特点

计算机具有如下特点：

(1) 运算速度快：计算机内部由电路组成，可以高速准确地完成各种算术运算。当今计算机系统的运算速度已达到万亿次 /s，微机也可达亿次 /s 以上，使大量复杂的科学计算问题得以解决。例如，计算机发明前卫星轨

了解计算机的
特点与作用

道的计算、大型水坝的计算、24 小时天气预报的计算需要几年甚至几十年，而在现代社会里，用计算机只需几分钟就可完成。

(2) 计算精确度高：科学技术的发展特别是尖端科学技术的发展，需要高度精确的计算。计算机控制的导弹之所以能准确地击中预定的目标，是与计算机的精确计算分不开的。一般计算机的计算结果可以有十几位甚至几十位（二进制）有效数字，计算精度可从千分之几到百万分之几，是任何计算工具望尘莫及的。

(3) 逻辑运算能力强：计算机不仅能进行精确计算，而且具有逻辑运算功能，能对信息进行比较和判断。计算机能把参加运算的数据、程序以及中间结果和最后结果保存起来，并能根据判断结果自动执行下一条指令以供用户随时调用。

(4) 存储容量大：计算机内部的存储器具有记忆特性，可以存储大量的信息，这些信息不仅包括各类数据信息，而且包括加工这些数据的程序。

(5) 自动化程度高：由于计算机具有存储记忆能力和逻辑判断能力，人们可以将预先编好的程序组纳入计算机内存，在程序控制下计算机可以连续、自动地工作，不需要人的干预。

(6) 计算机之间具有互连、互通和互操作的能力，21 世纪计算机必将成为每家每户不可缺少的电器之一。计算机不仅能处理数字和文字，而且能对图像、声音等多种形式的信息进行处理；不仅能进行数学运算，而且能进行逻辑运算；不仅能进行运算，而且具有信息的获取、存储、传输、展现等功能。

这些特点使得计算机在商业、科学、教育、娱乐等各个领域发挥着重要作用，并成为现代社会不可或缺的工具。

2. 计算机的作用

计算机对社会的进步和发展具有巨大的作用，在以下的关键领域发挥着重要作用。

(1) 经济发展：计算机技术的广泛应用促进了经济的快速增长。商业和金融行业通过使用计算机自动化和数据处理技术，提高了效率并加速了业务流程。电子商务的兴起使得全球范围内的交易变得更加便捷和高效。

(2) 科学研究：计算机在科学研究中发挥着重要作用。科学家可以使用计算机模拟实验、分析大量数据、进行复杂的数学计算和建模，从而推动科学进步。计算机还在物理学、生物学、化学和天文学等多个领域帮助科学家进行创新研究。

(3) 医疗保健：计算机技术对医疗保健领域的影响非常深远。计算机在医学影像、生命体征监测、病历管理、医疗诊断和药物研发等方面发挥着巨大作用。它提高了医生的诊断准确性和治疗效果，并促进了医疗服务的全球化和医疗资源的共享。

(4) 教育和学习：计算机革命为教育带来了巨大的变革。学生可以通过计算机获得在线教育课程和资源，从而实现远程学习和自主学习。教师可以使用计算机辅助教学和评估学生的学习进展。计算机技术也为职业培训和终身学习提供了更多机会。

(5) 通信和社交：互联网和社交媒体的兴起使得人们能够实时连接和交流。通过计算机和网络，人们可以轻松地与家人、朋友和同事保持联系，分享信息、音频和视频。这加强了社会连通性和全球化，促进了跨文化交流和合作。

(6) 娱乐和文化：计算机提供了丰富多样的娱乐和文化体验。人们可以通过计算机玩游戏、观看电影、听音乐、阅读电子书籍等。计算机也创造了新的娱乐形式，如虚拟现实和增强现实，提供了更具沉浸感的体验。

总之，计算机的广泛应用对社会产生了深远的影响。它提高了工作效率，促进了创新和科学发现，提高了人们的生活质量，并为全球社会带来了连接和合作的机会。随着技术的不断发展和创新，计算机对社会的影响将继续扩大和加深。

3. 计算机带来的负面影响

虽然计算机在许多方面给人们带来了巨大的便利和进步，但也带来了一些负面影响，引发了社会问题和某些潜在的危机。具体有如下几个方面：

(1) 信息过载：随着计算机和互联网的普及，人们面临着大量的信息。这导致了信息过载的问题，人们很难筛选和获取准确、有价值的信息，同时也增加了信息安全和隐私的风险。

(2) 社交隔离和沉迷：计算机和互联网的使用可能导致人们过度沉迷于虚拟世界，减少了面对面的社交互动。一些人可能变得孤立，出现社交隔离，对真实世界的人际关系产生负面影响。

(3) 失业和转型：自动化和计算机化的发展对某些行业和工作形成了挑战。传统的劳动力需求减少，一些人可能面临就业困难，需要进行转行和重新培训。

(4) 隐私和安全问题：计算机和互联网的快速发展增加了隐私和安全的风险。个人信息可能被盗取、泄露或滥用，网络攻击和犯罪活动也导致了许多安全问题。

(5) 数字鸿沟和不平等：一些地区或人群可能无法获得计算机的应用和互联网的普及，导致数字鸿沟和信息不平等。这可能加剧贫困、教育和经济差距。

(6) 环境影响：计算机和电子设备的生产和使用对环境造成了一定的负面影响。它们会消耗大量的能源，并导致电子废物的增加，引发环境污染和资源浪费的问题。

这些负面影响提醒人们要在计算机技术的发展和应用中保持警惕，并采取相应措施来应对负面影响，确保计算机的发展符合社会的可持续发展需求。计算机是把"双刃剑"，可以开阔视野和传播知识，但是如果一个人沉迷于计算机网络，过度上网，则既耽误学习，又影响身体。学校、教师、家长应该给予青少年更多的鼓励与引导，趋利避害，让沉迷计算机网络的青少年从虚幻的世界中走出来，使青少年身心健康成长。

任务 2.5　实战演练：计算机产品的选择与推荐

1. 训练目的

让学生了解计算机产品的选择和推荐方法，学习如何根据用户需求和使用场景推荐合适的计算机产品，提高产品推荐和销售能力。

2. 训练内容

每组 4～6 人，选定一个应用场景，推荐一款计算机（台式机、笔记本电脑、平板电脑），做一场汇报展示。小组内分角色，其中一名同学为顾客，提出自己的计算机使用需求，2～3名同学为销售人员，推荐一款合适的计算机，介绍重要的参数和产品的售后服务。另外的同学为评审专家，对所推荐的产品进行评价，给出可行性分析。

3. 具体过程

(1) 用户需求的分析和识别：学习如何分析和识别用户的需求，包括工作场景、娱乐需求、学习需求等。

(2) 计算机产品的选择和推荐：根据用户需求和使用场景，让学生学习如何选择和推荐合适的计算机产品，包括品牌、型号、配置等。

(3) 产品销售和售后服务：学习如何进行产品销售和售后服务，包括产品介绍、服务承诺、产品维修等。

注意事项：在训练过程中，需要提醒学生注意保护用户隐私和权益，在销售和售后服务中遵守相关法律法规。

4. 任务总结

通过训练，了解了计算机产品的分类和特点。

1) 笔记本电脑的优缺点和适用场景

- 优点：轻薄便携、电池续航时间长、可随时随地使用。
- 缺点：性能和散热相对较差、价格相对较高。
- 适用场景：移动办公、商务出差等，需要频繁出差或经常需要在不同场合使用计算机的用户。

2) 台式机的优缺点和适用场景

- 优点：性能强劲、散热效果好、可扩展性高。
- 缺点：不便携，需要固定的使用场所。
- 适用场景：处理大量数据、进行专业图形处理、进行游戏等，需要高性能的计算机用户。

3) 平板电脑的优缺点和适用场景

- 优点：轻薄便携、触摸屏操作。
- 缺点：性能和扩展性相对较差，无法进行专业图形处理和大量数据处理。
- 适用场景：移动办公、娱乐消费等，需要轻便便携、触摸屏操作的用户。

总之，不同的计算机产品有着各自独特的优缺点和适用场景，用户可以根据自己的需求和使用场景选择合适的产品。

◎ 项目总结

计算机作为一种现代化工具，已经成为人们日常工作和生活中必不可少的一部分。近代计算机的发展史可以追溯到 19 世纪末至 20 世纪 40 年代的机电计算机时代。自 20 世纪 40 年代进入电子计算机时代，经过了多个阶段的发展，如电子管计算机、晶体管计算机、集成电路计算机以及当前的超大规模集成电路计算机。随着计算机技术的不断发展，计算机的应用范围和计算效率都得到了极大的提高。同时，计算机在教育、科研、医药、通信等方面也发挥了巨大作用。总之，计算机的发展为人们的工作和生活带来了便利和新的机遇，同时也需要人们不断更新和学习新的技术和知识，迎接未来的挑战。

☀ 习题

1. 列举并描述计算机发展的 4 个阶段。
2. 举例说明计算机在不同领域如医疗、金融、教育等的应用。
3. 讨论中国计算机产业的发展现状和未来趋势。
4. 探讨计算机发展对人类社会带来的变革和挑战。
5. 畅想一下，你希望未来的计算机具备哪些新的功能。

个人终端的配置与维护

项目 3　化整为零——台式计算机的硬件配置与组装

知识目标

1. 了解台式计算机硬件系统的组成；
2. 了解台式计算机的拆装流程。

能力目标

1. 能够完成台式计算机硬件的组装；
2. 能够做好台式计算机硬件的日常维护。

素养目标

1. 在计算机的拆装和维护中精益求精，体会工匠精神；
2. 注重信息技术应用创新，关注芯片国产化进程。

学习情境

小林同学为大一新生，平时对计算机比较感兴趣，想自己组装一台计算机放在宿舍，他决定向计算机协会有经验的王师兄请教一下。王师兄先向小林介绍了计算机的各个组成部分，如主板、CPU、内存条、硬盘、显卡等。然后，他讲解了如何根据用户的需求选择和配置不同的硬件配件，以达到最佳的性能和稳定性。最后，他介绍了计算机硬件系统的维护，包括清理灰尘、更换散热器、检查电源等常见的维护措施。小林听后收获很大，对组装计算机有了很大的信心。

任务 3.1　了解台式计算机硬件系统的组成

在现代科技高度发达的时代，计算机已经成为我们生活中不可或缺的工具之一。而台式计算机作为最常见的个人电脑，其硬件系统指的是台式计算机所包含的各种物理组件和设备，它们共同协作，使计算机能够完成各种计算和数据处理任务。

台式计算机硬件系统主要由主机和外部设备组成。了解台式计算机硬件系统的组成，不仅能够帮助我们更好地理解计算机的运作原理，还可以为我们在购买、组装或升级计算机时提供有价值的指导。计算机硬件系统包含了多个关键组件，如机箱、电源、主板、CPU、内存 (Memory)、硬盘和常见的输入输出设备等。这些组件在协同工作的过程中，实现了计算、存储、图形处理和输入输出等各项功能。下面我们对主要硬件做一介绍。

3.1.1　机箱

计算机机箱也被称为计算机机壳、机柜、塔、外壳或盒子。作为计算机配件中的一部分，它的主要作用是放置和固定各计算机配件，起到一个承托和保护作用。此外，计算机机箱具有屏蔽电磁辐射的作用。机箱一般包括外壳、支架、面板上的各种开关、指示灯等。外壳用钢板和塑料结合制成，硬度高，能够保护机箱内部的元件；支架主要用于固定主板、电源和各种驱动器，如图 3-1 所示。

了解台式计算机
硬件系统的组成
—机箱和电源

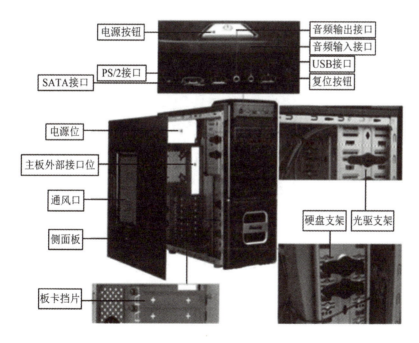

图 3-1　机箱构成

1. 机箱的样式

机箱的样式主要有立式、卧式和一体机 3 种。

1) 立式机箱

主流计算机的机箱外形大部分为立式，立式机箱的电源在上方，其散热性比卧式机箱好；立式机箱没有高度限制，理论上可以安装更多的驱动器或硬盘，并使计算机内部设备的安装位置分布更科学，散热性更好。

2) 卧式机箱

这种机箱外形小巧，整台电脑外观的一体感也比立式机箱强，占用空间相对较小。随着高清视频播放技术的发展，很多视频娱乐电脑都采用这种机箱，其外面板还具备视频播放能力，非常时尚美观。

立式机箱和卧式机箱的外观如图 3-2 所示。另外，有的机箱能够立卧两用，适应不同的放置环境。

图 3-2　立式机箱和卧式机箱

3) 一体机

所有的计算机系统组件都集成到显示器中，如图 3-3 所示。一体机通常包括触摸屏输入以及内置的麦克风和扬声器。根据型号的不同，一体式计算机提供很少的扩展功能或不提供扩展功能。

图 3-3　一体机

注意：许多机箱制造商都有其自己的命名规定，包括超塔、全塔、中塔、微塔、立方体机箱等。

2. 机箱的结构类型

机箱结构是指机箱在设计和制造时所遵循的主板结构规范标准。机箱结构与主板结构是相对应的关系，其结构类型主要有 ATX、MATX、ITX 和 RTX 四种。

1) ATX 结构

ATX 结构机箱内的主板安装在机箱的左上方，并且横向放置；电源安装在机箱的右上方，在前置面板上安装存储设备，并且在后置面板上预留了各种外部端口的位置，这样可使机箱内的空间更加宽敞、简洁，且有利于散热，如图 3-4 所示。

图 3-4　ATX 机箱

2) MATX 结构

MATX 也称为 Mini ATX 或 Micro ATX 结构，是 ATX 结构的简化版，如图 3-5 所示。其主板尺寸和电源结构更小，生产成本也相对较低。MATX 最多支持 4 个扩充槽，机箱体积较小，扩展性有限，只适合对计算机性能要求不高的用户。

图 3-5　MATX 机箱

3) ITX 结构

ITX 结构代表计算机微型化的发展方向，如图 3-6 所示。这种结构的计算机机箱大小只相当于 2 块显卡的大小。当然，ITX 机箱必须与 ITX 主板配合使用。

4) RTX 结构

RTX(Reversed Technology Extended，倒置技术扩展) 可以理解为倒置设计，如图 3-7 所示。通过巧妙的主板倒置，配合电源下置和背部走线系统，这种机箱结构可以提高 CPU 和显卡的散热效能，并且解决了以往背线机箱需要超长线材电源的问题，带来了更合理的空间利用率。因此 RTX 有望成为下一代机箱的主流结构类型。

图 3-6　ITX 机箱　　　　　　　　　图 3-7　RTX 机箱

3. 机箱的选择

机箱的选择主要考虑的因素如表 3-1 所示。

表 3-1 机箱选择因素

机箱选择	考 虑 因 素
型号类型	机箱主要有卧式和立式两种类型，用哪类机箱，取决于选用的主板类型，机箱的大小和形状必须和主板完全匹配
尺寸	如果计算机有许多组件，则需要较大的通风空间以便系统散热
可用空间	在空间紧张的地方，使用卧式机箱可以节省空间，因为显示器可以放在主机上
电源	电源的额定功率和连接类型必须和选择的主板类型匹配
外观	市面上有许多机箱设计可供选择
状态显示	安装在机箱外部的 LED 指示灯能够告诉用户系统是不是已通电、硬盘是不是在使用中，以及计算机是不是处于睡眠或休眠模式
通风口	所有机箱的电源处都有一个通风孔，有的机箱在背面另有通风孔以使空气流入、流出

3.1.2 电源

市面上大多数的机箱和电源都是套装出售的，当然机箱和电源也可以分开购买，独立搭配。

壁装电源插座提供的是交流电 (AC)，但是计算机内部的所有组件都需要直流电 (DC)。要获得直流电，计算机需使用如图 3-8 所示的电源，将交流电转换成电压较低的直流电。

图 3-8 电源

1. 电源的外形规格

随着时间推移，各种台式计算机电源不断发展，其主要的外形规格如下：

(1) ATX 电源：ATX 电源是一种常见的电源规格，主要用于台式计算机。ATX 电源通常采用 20+4 个引脚的主电源连接器，用于连接主板上的电源接口。

(2) Micro ATX 电源：Micro ATX 主板是一种较小尺寸的主板规格，对应的电源外形规格也较小。Micro ATX 电源通常采用 24 引脚的主电源连接器，适用于 Micro ATX 主板和一些小型台式计算机。

(3) SFX 电源：SFX(Small Form Factor Extension，小型扩展) 电源是专门设计用于小

型计算机机箱和 HTPC(Home Theater Personal Computer，家庭影院个人电脑) 的外形规格。它比标准 ATX 电源尺寸更小，通常采用小型尺寸的接口，如 SFX 和 SFX-L。

(4) TFX 电源：TFX(Thin Form Factor Extension，薄型扩展) 电源是另一种较小尺寸的电源规格，主要用于一些空间有限的计算机机箱，如嵌入式系统和一些小型台式计算机的机箱。TFX 电源通常采用 24 引脚的主电源连接器。

(5) Flex ATX 电源：Flex ATX 是一种用于相对较小的计算机机箱 (如一些服务器和小型 NAS 网络附属存储设备) 的电源规格。它具有紧凑的尺寸和内建式电源连接器 (通常为 20+4 引脚)。

电源包括几种不同的接头，如图 3-9 所示。这些接头用于为各种内部组件 (如主板和磁盘驱动器) 供电。这些接头为"锁定"接头，也就是被设计为仅从一个方向插入。不同的接头可提供不同的电压。最常见的供电电压为 3.3 V、5 V 和 12 V。3.3 V 和 5 V 电源通常用于数字电路，而 12 V 电源用于运行磁盘驱动器和风扇中的电机。

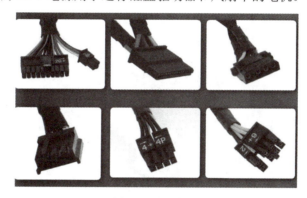

图 3-9　电源接头

2. 电源的选购方法

计算机中的电源模块又被称为计算机的"心脏"，它为计算机工作提供动力，它的优劣不仅直接影响计算机的工作稳定程度，还与计算机的使用寿命息息相关。如果电源的质量太差，会出现因供电不足而导致意外死机的现象，甚至可能损伤硬件，引发计算机的其他并发故障。那么我们如何选购电源呢？

(1) 外观检查：好的电源通常都会采用体积大的铝或者铜制的散热片，所以好的电源的重量也就要比劣质电源重很多。同时一款优质的电源所配的输电线也比劣质电源的输电线粗，这是因为计算机的电源输出一般都比较大，就算很小的电阻值都会产生很大的压降损耗。

(2) 电源的重量：好的电源一般比较重一些。

(3) 电源的功率：当前市场的 PC 电源，按功率大小通常分为 250 W、300 W、350 W 等多种规格。电源功率不足往往也是计算机出现故障的其中一个主要原因，电源功率至少要在 250 W 以上。

(4) 电源的参数：对于电源的性能，有以下细节可以关注：

① 电压偏移，越低越好；

② 交叉负载，越低越好；

③ 转化率，越高越好；

④ 纹波与噪声，越低越好；

⑤ 保持时间，越高越好；

⑥ 动态响应，越低越好。

了解台式计算机
硬件系统的组成
——主板

3.1.3　主板

主板是计算机中最基本的也是最重要的部件之一，它是计算机各个部件工作的一个平台。它把 CPU、内存条、显卡和键盘等部件紧密地联系在一起，各个部件通过主板进行数据传输和控制。主板在整个微机系统中扮演着举足轻重的角色。可以说，主板的类型和档次决定整个微机系统的类型和档次，主板的一般结构如图 3-10 所示。

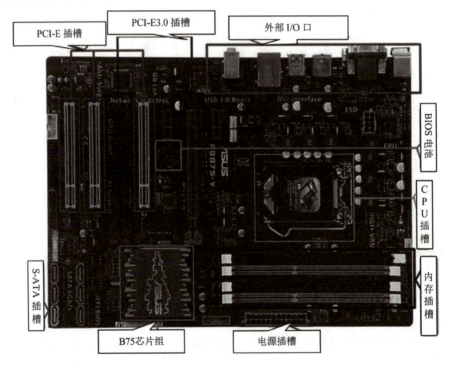

图 3-10　华硕 P8B75-V 型主板

1. 主板的分类

主板按照结构可以划分为 AT、ATX、Micro-ATX 和 Mini-ITX。早期的主板基本上都是 AT 结构的，不能软关机，已经被市场淘汰。

(1) ATX 主板：Intel 公司在 1995 年公布了扩展 AT 主板结构，即 ATX(Advanced Technology Extended)主板标准，几何尺寸为 305 mm × 244 mm，提高了主板的兼容性和可扩展性，增强了电源管理功能，真正实现软体开/关机。这一标准得到了世界主板厂商的支持，为目前使用最广泛的主板类型。

(2) Micro-ATX 主板：Micro-ATX 是 Intel 公司在 1997 年提出的一种主板结构标准，主要是通过减少 PCI(Peripheral Component Interconnect，外设部件互连)插槽、内存插槽和

ISA(Industrial Standard Architecture，工业标准结构总线）插槽的数量，以达到缩小主板尺寸的目的，常用的几何尺寸为 248 mm × 248 mm。目前很多品牌机主板使用了 Micro-ATX 标准，在 DIY 市场上也常能见到 Micro-ATX 主板。

(3) Mini-ITX 主板：Mini-ITX(简称 ITX) 是由台湾知名的威盛电子公司定义和推出的一种结构紧凑的微型化的主板设计规范。它被设计支持用于小空间的、相对低成本的计算机，如用在汽车、置顶盒以及网络设备中的计算机，也可用于制造客户机，目前已被各家厂商广泛应用于各种商业和工业应用中。

2. 主板的构成

主板的物理结构一般是矩形电路板，上面集成了组成计算机的主要电路系统，下面介绍一下主板上的主要插槽、接口和芯片。

1) CPU 插槽

CPU 需要通过某个接口与主板连接才能进行工作。CPU 经过这么多年的发展，采用的接口方式有引脚式、卡式、触点式、针脚式等。而目前 CPU 的接口一般为针脚式接口或者触点式，对应到主板上就有相应的插槽类型。CPU 接口类型不同，在插孔数、体积、形状上都有变化，不能互相接插。因此，在选购主板的时候，需要注意 CPU 类型与主板上 CPU 插槽的匹配。

CPU 插槽主要分为 Socket 和 Slot 两种。目前多用的是 Socket 架构，常见的封装模式有 LGA1155 和 Socket FM2。LGA 1155 又称为"Socket H2"，如图 3-11 所示，它是 Intel 公司于 2011 年推出 Sandy Bridge 微架构的新款 Core i3、Core i5 及 Core i7 处理器所用的 CPU 插槽，一般为触点型。搭载该 CPU 插槽的主板主要为 Intel 7 系列和 6 系列芯片组的主板。图 3-12 为 AMD 桌面平台的 Socket FM2 架构 CPU 插槽，为针脚式接口，适用于代号 Trinity 及 Richland 的第二代加速处理器，具体型号是 A10/A8/A6/A4/Athlon 处理器。

图 3-11 LGA1155 插槽

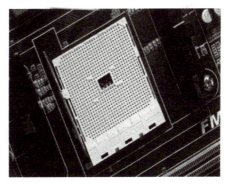

图 3-12 Socket FM2 插槽

2) 内存插槽

内存插槽是指主板上用于连接硬件内存条的插槽。主板所支持的内存种类和容量都由内存插槽来决定。目前，市场上主要有使用 DRAM(Dynamic Random Access Memory，动态随机访问存储器) 芯片制成不同代数的 DDR SDRAM(Double Date Rate Synchronous，DRAM 双倍速率同步动态随机访问存储器)，从 DDR2 到 DDR5，后面的数字可以看出它们是 DDR 的不同代。代数越高，则时钟周期越短 (也就是频率越高)，传输速度也就越快，能支持的理论最大容量越大，电压越小，耗电量也越低。

另外，由于卡口位置不同，这几代 DDR 之间插槽是不兼容的，选主板的时候一定要看清楚内存插槽支持的是第几代 DDR，图 3-13 为 4 根单边卡扣式的 DDR5 内存条插槽。

图 3-13　DDR5 内存条插槽

3）PCI 和 PCI-E 插槽

PCI 插槽是由 Intel 公司提出的基于 PCI 外围部件互连局部总线标准的扩展插槽，一般工作频率为 33 MHz，传输带宽达到 133 MB/s，主要用来连接显卡、声卡、网卡、调制解调器等设备。当前流行的台式机主板，即 ATX 结构的主板一般带有 3 ～ 5 个 PCI 插槽，如图 3-14 所示。

图 3-14　PCI 和 PCI-E 插槽

PCI-Express(简称 PCI-E) 是最新的总线和接口标准，也是由 Intel 公司提出的，代表着下一代 I/O 接口标准。它的最大优势就是数据传输速率高，目前 PCI-E 3.0 架构单信道 (X1) 单向带宽可接近 1 GB/s，十六信道 (X16) 双向带宽更是可达 32 GB/s，而且还有相当大的发展潜力。PCI Express 也有多种规格，从 PCI Express X1 到 PCI Express X16，能满足不同设备的需求。

4）IDE 接口与 Serial ATA 接口

IDE(Integrated Drive Electronics，电子集成驱动器) 接口，也称为 ATA 接口，是为连

接硬盘和光驱等设备而设的。主流的 IDE 接口有 ATA 33/66/100/133，它们的传输速度可分别达到 (33、66、100、133)MB/s。IDE 这一接口技术从诞生至今就一直在不断发展，性能也不断提高，其价格低廉、兼容性强的特点，造就了无法被其他类型硬盘接口替代的地位。但是 IDE 也有自身的缺点，它数据传输速度慢、线缆长度过短、连接设备少。

　　Serial ATA(缩写为 SATA) 接口是一种完全不同于并行 ATA 的新型硬盘接口类型，由于采用串行方式传输数据而知名，如图 3-15 所示。相对于并行 ATA 来说，其优势相当明显。首先，SATA 以连续串行的方式传送数据，一次只会传送 1 位数据，这样能减少 SATA 接口的针脚数目，使连接电缆数目变少，效率也会更高。现在市面上 SATA 接口的数据线一般为 7 个针脚，包括 3 个接地针脚、2 个数据发送针脚和 2 个数据接收针脚，这样的架构还能降低系统能耗和减小系统复杂性。其次，SATA 的起点更高、发展潜力更大，SATA 1.0 定义的数据传输率可达 150 MB/s，这比目前最新的并行 ATA(即 ATA133) 所能达到的最高数据传输率还高，而 SATA 2.0 的数据传输率将达到 300 MB/s，最终 SATA 将实现 600 MB/s 的最高数据传输率。

　　截至目前，大部分主板都支持 SATA 接口，同时会保留 1 ～ 2 个 IDE 接口。

图 3-15　SATA 接口

5) 主板电源接口

　　主板上的各部件要正常工作，就必须提供不同电压的直流电源。机箱电源提供的电源是由交流电经过整流、滤波后，通过分离电路，再经过插头插入到主板对应的电源插座上来完成的。那么机箱电源的输出接口就必须要与主板上的电源插座相一致。电源主要采用 AT 和 ATX 两种结构，目前，AT 电源供应器已被淘汰，采用最多的是 24 口或 20 口的 ATX 电源接口，如图 3-16 所示。相对应的主板上的电源插座如图 3-17 所示。

图 3-16　ATX 电源接口

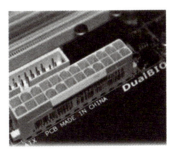

图 3-17　主板上的电源插座

6) 外部 I/O 接口

主板上的外部 I/O 接口通常是用来连接打印机、鼠标、键盘和显示器等外部设备的。常用接口的集合如图 3-18 所示，主要有音频接口、板载网卡接口、USB(Universal Serial Bus，通用串行总线) 接口、PS/2(Personal System 2，个人系统 2) 接口和显示器接口等。

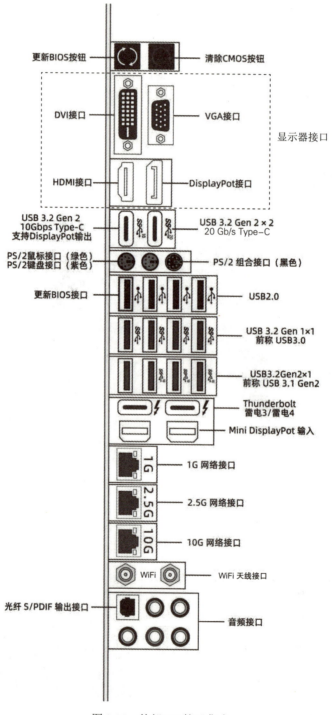

图 3-18　外部 I/O 接口集合

7) 北桥芯片和南桥芯片

主板芯片组 (Chipset) 是主板的核心组成部分，是 CPU 与周边设备沟通的桥梁。对于主板而言，芯片组性能的优劣，决定了主板性能的好坏与级别的高低。目前 CPU 的型号与种类繁多、功能特点不一，如果芯片组不能与 CPU 良好地协同工作，将严重地影响计算机的整体性能甚至不能正常工作。

在很长一段时间中，面向普通 PC 用户的芯片组都遵循经典的南北桥设计。采用南北桥结构的主板上都有 2 个面积比较大的芯片，如图 3-19 所示。靠近 CPU 的为北桥，又称主桥，主要负责控制显卡通道和内存前端总线与 CPU 之间的数据交换；靠近 PCI 槽的为南桥，提供了对外部 I/O、KBC(键盘控制器)、RTC(实时时钟控制器)、USB(通用串行总线)、Ultra DMA/33(66) EIDE 数据传输方式和 ACPI(高级能源管理) 等的支持。

除了最通用的南北桥结构外，目前芯片组正向更高级的加速集线架构发展，南北桥芯片的概念逐渐淡化。当今主流的 Intel7 系列、8 系列的芯片组主板已经找不到南北桥了，原先北桥芯片的部分功能整合到 CPU 中，部分功能则与原南桥集合成芯片组形式，如在图 3-10 所示的华硕 P8B75-V 型主板中就只有 Intel B75 芯片组。

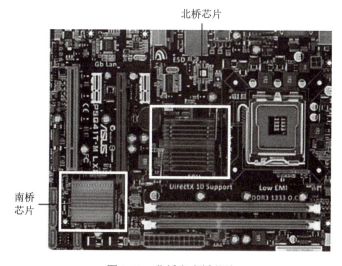

图 3-19　北桥和南桥芯片

8) BIOS 芯片

BIOS(Basic Input/Output System，基本输入输出系统)，全称是 ROM-BIOS，它实际上是一组被固化到芯片中为计算机提供最低级最直接的硬件控制的程序，属于软件的范畴。BIOS 芯片是连通软件程序和硬件设备之间的枢纽。主板上的 BIOS 芯片主要实现的功能有硬件自检及初始化、设定中断和程序服务。

BIOS ROM(Read-Only Memory，只读内存) 芯片在主板上很引人注目，它是主板上唯一贴有标签的芯片，上面印有 “BIOS” 字样。现在 BIOS 芯片采用了 Flash ROM，可以快速对 BIOS 升级。

CMOS(Complementary Metal Oxide Semiconductor，互补金属氧化物半导体) 是主板上一块可读写的 RAM 芯片，用于保存当前系统的硬件配置信息和用户设定的某些参数。目前 CMOS RAM 由主板上的纽扣电池供电，即使系统断电其信息也不会丢失。主板上的

CMOS 供电电池作用非常重要，是主板的必备部件。

BIOS 是一组设置硬件的电脑程序，保存在主板上的一块 EPROM(Erasable Programmable ROM，可擦除可编程 ROM) 或 EEPROM(Electrically EPROM，带电可擦除可编程 ROM) 芯片中，里面装有系统的重要信息和设置系统参数的设置程序：BIOS Setup 程序。而 CMOS 是主板上的一块可读写的 RAM 芯片，用来保存当前系统的硬件配置和用户对参数的设定，其内容可通过设置程序进行读写。CMOS 芯片只有保存数据的功能，而对 CMOS 中各项参数的修改要通过 BIOS 的设定程序来实现。

BIOS 与 CMOS 既相关又不同：BIOS 中的系统设置程序是完成 CMOS 参数设置的手段；CMOS RAM 既是 BIOS 设定系统参数的存放场所，又是 BIOS 设定系统参数的结果。因此，完整的说法应该是"通过 BIOS 设置程序对 CMOS 参数进行设置"。由于 BIOS 和 CMOS 都与系统设置密切相关，所以在实际使用过程中造成了 BIOS 设置和 CMOS 设置的说法，其实指的都是同一回事，但 BIOS 与 CMOS 却是两个完全不同的概念，切勿混淆。

计算机用户在使用计算机的过程中，都会接触到 BIOS，它在计算机系统中起着非常重要的作用。一块主板性能优越与否，很大程度上取决于主板上的 BIOS 管理功能是否先进。

9) 其他芯片

其他芯片：主板上除了芯片组以外，还有一些常用的小芯片，如电源管理芯片、I/O 芯片、串口芯片、声卡芯片、网卡芯片和监控芯片等。

3.1.4 中央处理器 CPU

中央处理器即 CPU，通常又叫微处理器。CPU 是一块超大规模的集成电路，是计算机的核心部分，主要包括运算器和控制器两大部件。此外，它还包括若干个寄存器和高速缓冲存储器及实现它们之间联系的数据、控制及状态的总线。

计算机硬件
系统的组成
—— CPU

计算机的性能在很大程度上由 CPU 的性能所决定，而 CPU 的性能主要体现在其运行程序的速度上。影响运行速度的性能指标包括 CPU 的工作频率、缓存容量、指令系统和逻辑结构等参数。以 Think Centre M436 台式机为例，用鲁大师查看 CPU 性能参数，如图 3-20 所示。

处理器	英特尔 第三代酷睿 i7-3770 @ 3.40GHz 四核
速度	3.40 GHz (100 MHz x 34.0)
处理器数量	核心数: 4 / 线程数: 8
核心代号	Ivy Bridge
生产工艺	22 纳米
插槽/插座	Socket H2 (LGA 1155)
一级数据缓存	4 x 32 KB, 8-Way, 64 byte lines
一级代码缓存	4 x 32 KB, 8-Way, 64 byte lines
二级缓存	4 x 256 KB, 8-Way, 64 byte lines
三级缓存	8 MB, 16-Way, 64 byte lines
特征	MMX, SSE, SSE2, SSE3, SSSE3, SSE4.1, SSE4.2, HTT, EM64T, EI...

图 3-20 CPU 性能参数

1. CPU 的工作频率

(1) 主频：主频也叫时钟频率，单位是 MHz 或 GHz，用来表示 CPU 的运算、处理数据的速度。通常，主频越高，CPU 处理数据的速度就越快。

(2) 外频：外频是 CPU 的基准频率，单位是 MHz。CPU 的外频决定着整块主板的运行速度，具体是指 CPU 与主板之间同步运行的速度。

(3) 倍频系数：倍频系数是 CPU 主频和外频之间的比例关系，一般为：主频 = 外频 × 倍频。Intel 公司所有 CPU(少数测试产品例外) 的倍频通常已被锁定 (锁频)，用户无法用调整倍频的方法来调整 CPU 的主频。AMD 和其他公司的 CPU 未锁频。

(4) 超频：超频的英文名称是"Over Clock"。一般来说，每个 CPU 都有其额定的主频、外频和倍频，通过改变其外频与倍频以提高 CPU 主频的方法就叫做超频。超频会影响系统稳定性，缩短硬件使用寿命，甚至烧毁硬件设备，所以，没有特殊原因最好不要超频。

2. CPU 的核心

虽然提高频率能有效提高 CPU 性能，但受限于制作工艺等物理因素，早在 2004 年，提高频率便遇到了瓶颈，于是 Intel 和 AMD 公司只能另辟蹊径来提升 CPU 性能，双核、多核 CPU 便应运而生。目前主流 CPU 有双核、三核、四核和六核。其实增加核心数目就是为了增加线程数，因为操作系统是通过线程来执行任务的，一般情况下它们是 1:1 的对应关系，也就是说四核 CPU 一般拥有 4 个线程。

这个核心可以理解为我们人类的胳膊，双核就是 2 条胳膊，四核就是 4 条胳膊，六核就是 6 条胳膊。我们工作的时候，除了增加肌肉力量外，特别渴望能有三头六臂，提高工作效率。胳膊增加了，还想多出几只手，于是出现了超线程技术。Intel 引入超线程技术后，核心数与线程数形成 1 ∶ 2 的关系，如四核 Core i7 支持八线程 (或叫作 8 个逻辑核心)，大幅提升了其多任务、多线程性能。

3. CPU 的超线程技术

超线程技术 (Hyper-Threading，HT)，最早出现在 2002 年的 Pentium 4 上，它是利用特殊的硬件指令，把单个物理核心模拟成 2 个核心 (逻辑核心)，让每个核心都能使用线程级并行计算，进而兼容多线程操作系统和软件，它减少了 CPU 的闲置时间，提高了 CPU 的运行效率。Core i7/i5/i3 再次引入超线程技术，使四核的 Core i7 可同时处理 8 个线程操作，而双核的 Core i5 600、Core i3 也可同时处理四线程操作，大幅增强多线程性能。

光有胳膊 (核心) 和肌肉 (频率) 是干不了活的，还必须要有手 (线程) 才行。一般来说，单核配单线程、双核配双线程或者双核四线程、四核八线程等，就相当于一条胳膊长一只手。后来技术越来越厉害，造出了一条胳膊长两只手的情况，这样工作效率就大幅提高。

4. CPU 的架构

现在胳膊有了，肌肉有了，手也有了，就差一个工具就可以干活了，这个工具就是 CPU 的架构。架构对性能的影响巨大，简单来说架构就是 CPU 核心的设计方案。

目前 CPU 大致可以分为 X86、IA64、RISC 等多种架构，而个人电脑的 CPU 架构大都是基于 X86 架构设计的，称为 X86 下的微架构。更新 CPU 架构能有效地提高 CPU 的执行效率，但也需要投入巨大的研发成本，因此 CPU 厂商一般每 2 ～ 3 年才更新一次架构。

一般来说，每一代 CPU 的架构都是一样的，比如 i3-8100、i5-8500、i7-8700 都是 8 代的 CPU，使用的架构也是一样的。

5. CPU 的缓存

CPU 缓存 (Cache Memory) 是位于 CPU 与内存之间的临时存储器，它的容量比内存小得多，但是交换速度却比内存要快得多。缓存的出现主要是为了解决 CPU 运算速度与内存读写速度不匹配的矛盾，因为 CPU 运算速度要比内存读写速度快很多，这样会使 CPU 花费很长时间等待数据或把数据写入内存。缓存中的数据是内存中的一小部分，但这一小部分是短时间内 CPU 即将访问的，当 CPU 调用大量数据时，就可避开内存直接从缓存中调用，从而加快读取速度。

L1 Cache(一级缓存) 是 CPU 第一层高速缓存，分为数据缓存和指令缓存。内置的 L1 高速缓存的容量和结构对 CPU 的性能影响较大，不过高速缓存均由静态 RAM 组成，结构较复杂，在 CPU 管芯面积不能太大的情况下，L1 级高速缓存的容量不可能做得太大，一般为几十 KB 到几百 KB。

现在主流的 CPU 一般带有三级缓存，以 Intel 酷睿 i5 2500K CPU 为例，它的一级缓存为 4×64 KB，二级缓存为 4×256 KB，三级缓存达到 6 MB。

3.1.5　存储器

存储器是具有"记忆"功能的设备，其主要功能是存储程序和各种数据，并能在计算机运行过程中高速、自动地完成程序或数据的存取。存储器的分类方式有很多，具体情况如图 3-21 所示。

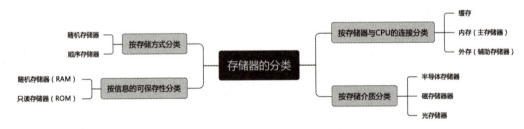

图 3-21　存储器的分类

下面根据存储器与 CPU 的不同连接，依次介绍一下缓存、内存和外存。

1. 缓存

缓存有时被称为 CPU 内存，通常运行在高性能的 SRAM 内存模块上。CPU 可以更快地访问缓存内存来运行性能敏感的操作。高速缓存内存通常集成在主板下，或者在不同的芯片上，通过总线与 CPU 互连，用于存储 CPU 在计算机操作期间经常访问的指令和数据。CPU

了解台式计算机硬件系统的组成——存储器

可以更快地从高性能高速缓存中检索这些重复信息，而不必从主内存中访问这些信息。

为了达到这种性能水平，当 CPU 处理数据和指令时，它首先在访问主内存之前查看缓存内存。缓存不是单级的，多级缓存更有效，因为 CPU 可以在高缓存性能层或低缓存性能层对重复数据和指令进行优先级排序，详细内容见 3.1.4 中 CPU 的缓存。

2. 内存

内存又称为主内存、主存储器，它的特点是速度快、价格贵、容量小、断电后内存内数据会丢失。它在计算机工作过程中暂时存放需要处理的数据和计算的结果，如果没有高速内存的配合，CPU 或 GPU(Graphics Processing Unit，图形处理器) 运算能力再强也无济于事，因此内存的性能对计算机的影响非常大。

DRAM 动态随机访问存储器是最为常见的系统内存，只能将数据保存很短的时间。为了保存数据，DRAM 使用电容存储，所以必须隔一段时间刷新一次，如果存储单元没有被刷新，存储的信息就会丢失。后续的 SDRAM 和 DDR SDRAM 都是在 DRAM 的基础上发展而来的，同时也属于 DRAM 中的一种。

SDRAM 的英文全称为 Synchronous DRAM，中文名为同步动态随机访问存储器，同步是指内存工作需要同步时钟，内部命令的发送与数据的传输都以时钟为基准。DDR SDRAM 即双倍速率 SDRAM，可以在一个时钟读写两次数据，这样就使得数据传输速度得以加倍。在性能和成本优势下，DDR SDRAM 成为了目前计算机和服务器中使用最多的内存。

与大容量的硬盘不同，内存在存取速度上有着非常惊人的表现。不过由于断电后不能保存存入信息的特点，在电脑长期发展的历史长河中，内存一直扮演着资源中转站的角色。从最早的 SIMM(Single In-line Memory Module，单列直插式内存模块) 到如今的 DDR，再到现在以 DDR 为基础进行迭代，内存的标准以及规格也发生了很大的变化。

内存条是由内存芯片、电路板、金手指等部分组成的，如图 3-22 所示。其中内存的芯片是内存的核心所在，内存的性能、速度和容量都是由内存芯片决定的。金手指是内存条上与内存插槽之间的连接部件，所有的信号都是通过金手指进行传送的。金手指由众多金黄色的导电触片组成，因其表面镀金而且导电触片排列如手指状，所以称为"金手指"。

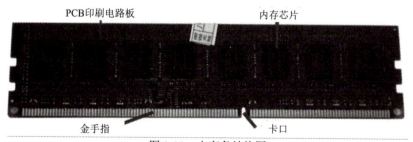

图 3-22　内存条结构图

人们在选购和使用内存条时一般要关注内存条的容量大小、运行频率以及是否支持双通道。目前市场上主流的内存条已经进入 DDR5 时代，从 DDR 技术和 JEDEC(Joint Electron Device Engineering Council，美国电子器件工程联合委员会) 规范的演进过程中可以看到，为了配合整体行业对于性能、内存容量和降低功耗的不断追求，工作电压越来越低，芯片容量越来越大，I/O 的速率也越来越高，从最早的 128 Mb/s 的 DDR 发展到了当今的 6400 Mb/s 的 DDR5，每一代 DDR 的数据速率都翻倍增长。

3. 外存

外存即外储存器，是指除计算机内存及 CPU 缓存以外的储存器，此类储存器一般断电后仍然能保存数据。常见的外存储器有硬盘、软盘、光盘、U 盘等，下面我们重点介绍一下硬盘。

硬盘是整个计算机系统的数据存储中心，用户所使用的应用程序和数据绝大部分都存储在硬盘上。硬盘主要有机械硬盘 (Hard Disk Drive，HDD)、固态硬盘 (Solid State Disk 或 Solid State Drive，SSD) 和混合硬盘 (Hybrid Hard Disk，HHD) 三种类型。

1) 机械硬盘

机械硬盘由一个或者多个铝制或者玻璃制的碟片组成，这些碟片外覆盖有铁磁性材料。机械硬盘常用接口有 IDE、SATA、SCSI(Small Computer System Interface，小型计算机系统接口) 等几种，IDE 接口硬盘多用于家用产品，也部分用于服务器；SCSI 接口的硬盘则主要应用于服务器市场；SATA 是目前普通硬盘的主流接口类型，在家用市场中有着广泛的应用前景。机械硬盘的结构如图 3-23 所示。

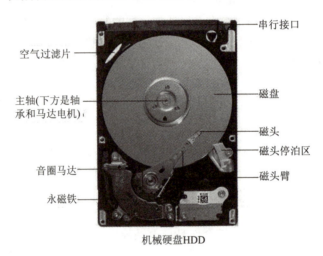

机械硬盘HDD

图 3-23　机械硬盘的结构

2) 固态硬盘

固态硬盘又称固态驱动器，是用固态电子存储芯片阵列制成的硬盘，如图 3-24 所示。和常规硬盘相比，固态硬盘具有低功耗、无噪音、抗震动、低热量的特点。这些特点不仅使得数据能更加安全地得到保存，而且也延长了靠电池供电的设备的连续运转时间。

图 3-24　固态硬盘

固态硬盘凭借着极致的性能、娇小的尺寸以及防摔抗磨等诸多特性，几乎成为当下消费级市场不二的存储选择。同时，固态硬盘作为新兴的存储产品，与常规机械硬盘又存在着诸多差异性，尤其是在固态硬盘接口部分，存在着多种形态，常见的有 SATA、PCI-E 和 M.2 接口。

(1) SATA 接口：当前最主流的接口当属 SATA3.0，如图 3-25 所示，比起 SATA2.0 接口速度有了显著提升。

了解台式计算机
硬件系统的组成
——扩展接口

图 3-25　SATA3.0 接口硬盘

(2) PCI-E 接口：现在 PCI-E 已经成为最新的总线和接口标准，如图 3-26 所示。由于工作原理的优势，PCI-E 最大速度能达到 32 GB/s，能充分发挥 SSD 的潜力。

图 3-26　PCI-E 接口硬盘

虽然 PCI-E 接口的 SSD 性能高，但是价格极为高昂，一般只有企业级或者旗舰级产品才会使用该接口，同时也对主板的通道数提出了更高的要求。

(3) M.2 接口：目前应用最广泛的接口当属 M.2 接口，如图 3-27 所示。M.2 最初叫 NGFF(Next Generation Form Factor，次世代外形标准) 接口，尺寸极为小巧，三种常见的规格为 2242、2260、2280 等，规格代号的前两个数字是宽度、后两个数字是长度，单位为 mm。

图 3-27　M.2 固态硬盘

3) 混合硬盘

混合硬盘就是一块基于传统机械硬盘诞生出来的新硬盘，除了机械硬盘必备的碟片、马达、磁头等，还内置了 NAND 闪存颗粒（内存）。从理论上来说，一块混合硬盘可以结合闪存与硬盘的优势，完成 HDD+SSD 的工作，如图 3-28 所示。

图 3-28　混合硬盘

3.1.6　显卡与显示器

1. 显卡

显卡全称是显示接口卡（Video Card，Graphics Card），又称为显示适配器（Video Adapter），是个人计算机的基本组成部分之一。显卡的用途是将计算机系统所需的显示信息进行转换驱动，并向显示器提供行扫描信号，控制显示器的正确显示，是连接显示器和个人计算机主板的重要元件，是"人机对话"的重要设备之一。显卡作为计算机主机的一个重要组成部分，承担输出显示图形的任务。对于从事专业图形设计的设计师和 3D 游戏发烧友来说，显卡处于非常重要的位置。

显卡的主要性能参数有核心频率、显存频率、显存容量和显存位宽等。图 3-29 所示的 GTX 650 显卡的具体规格参数如表 3-2 所示。

图 3-29 GTX650 显卡外观

表 3-2 GTX 650 显卡规格参数

显示芯片	NVIDIA GTX600 系列	显存频率	5000 MHz	显示位宽	128 bit
制造工艺	28 nm	显存类型	GDDR5	总线接口	PCI-E3.0 × 16
核心频率	1058/1110 MHz	显存容量	1024 MB	I/O 接口	DVI/Mini HDMI

目前市场上显卡的主流总线接口类型为 PCI Express 2.0 和 PCI Express 3.0。计算机常见的显示输出接口按传输速度由低到高排列依次为 VGA(Video Graphics Array，视频图形阵列)、DVI(Digital Visual Interface，数字视频接口) 和 HDMI(High Definition Multimedia Interface，高清多媒体接口)、DisplayPort、支持视频输出的 USB Type-C 以及 Thunderbolt 接口等。

2. 显示器

计算机显示屏是计算机系统中十分重要的组成部分，是人们在使用计算机时所看到的信息的直接输出设备。随着科技的不断发展，计算机显示屏的种类也越来越丰富。具体类型如下：

1) 按显示技术分类

显示器按显示技术可分为 CRT 显示器、LCD 显示器、OLED 显示器和 Micro LED 显示器四种，如图 3-30 所示。

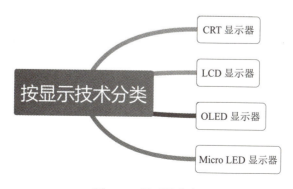

图 3-30 显示器分类

CRT(Cathode Ray Tube，阴极射线管）显示器是一种基于阴极射线管技术的显示器，是最早的电脑显示器，也是最为传统的电脑显示器。它的特点是色彩鲜艳、亮度高、对比度好、刷新率高，但体积大、重量重、功耗高，容易产生辐射等问题。目前它已被淘汰。

LCD(Liquid Crystal Display，液晶显示）显示器是基于液晶显示技术的显示器，是当前主流的计算机显示器类型。它的特点是体积小、重量轻、功耗低、对环境无污染等。其中，TN(Twisted Nematic，扭曲向列）、IPS(In-Plane Switching，平面转换）、VA(Vertical Alignment，垂直配向）等不同的液晶技术，各有优缺点，适用于不同的用户需求。

OLED(Organic Light Emitting Diode，有机发光二极管）显示器是一种基于有机发光二极管技术的显示器，具有发光、薄、轻、色彩鲜艳、对比度高等特点，但其价格较高，且存在烧屏问题。

Micro LED 即微型 LED，是一种新兴的显示技术，是基于微型 LED 灯珠的显示器。它具有高亮度、高对比度、高色彩饱和度、低功耗等特点，且可以实现无缝拼接。目前，Micro LED 显示器仍在发展阶段，价格较高，尚未普及。

2) 按外形分类

显示器按外形可分为普通平板显示器、弧形显示器和 3D 显示器三种，如图 3-31 所示。

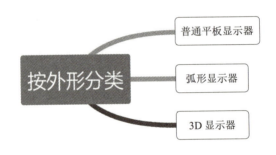

图 3-31　显示器外形分类

普通平板显示器是最常见的计算机显示器类型，通常为矩形形状，具有高清晰度、高色彩还原度、适合不同场景使用等特点。

弧形显示器是近年来比较流行的一种显示器类型，具有更广阔的视野和更舒适的观看体验。其弧形设计可以减少视觉疲劳，适合长时间使用。

3D 显示器是一种可以显示立体图像的计算机显示器，其特点是支持 3D 效果、具有更丰富的视觉体验，但需要配合 3D 眼镜使用。

计算机显示屏按照显示技术、外形、应用场景等不同方式进行分类，每种类型的显示器都具有自己的特点和优劣。在购买计算机显示器时，需根据实际需求进行选择，找到最适合自己的计算机显示器类型，以获得更好的使用体验和效果。

3.1.7　键盘与鼠标

1. 键盘

不管是写入字母还是计算数字数据，键盘都是向计算机中输入信息的主要方式。按照按键的开关工作原理，键盘可以分为机械式和电容式。机械式键盘采用类似金属接触式开关，工作原理是使触点导通或断开，具有工艺简单、噪音大、易维护，打字时节奏感强，长期使用手感不会改变等特点，目前基本上退出市场；电容式键盘具有无触点的开关，其原理是通过按键改变电极间的距离使电容量发生变化，形成振荡脉冲允许通过的条件。它具有击键声音小、手感好和使用寿命长的优势，目前市场上的键盘基本上都是电容式键盘。目前键盘市场发展非常迅速，各式各样的键盘相继出现，人们可以根据自己的需求选购。

按照键盘接口的不同，键盘主要有 PS/2、USB 和无线三种类型，目前 USB 接口和无线键盘在市场上占有较高的比例。

2. 鼠标

鼠标是一个指向并选择计算机屏幕上项目的小型设备。尽管鼠标有多种形状，但一般而言，鼠标看起来有些像现实生活中的老鼠，它外形小，呈椭圆形，通过一根类似尾巴的长电线连接到系统单元。鼠标通常有两个按钮：1 个主按钮（通常为左键）和 1 个辅助按钮。当用户用手移动鼠标时，屏幕上的鼠标指针会向相同方向移动。如果要选择某个项目，先指向该项目，然后单击（按下再放开）主按钮。使用鼠标指向和单击是与计算机交互的主要方式。

按照工作原理，鼠标可以分为以下两类。

(1) 机械鼠标：机械鼠标主要由滚球、辊柱和光栅信号传感器组成。当用户拖动鼠标时，带动滚球转动，滚球又带动辊柱转动，装在辊柱端部的光栅信号传感器采集光栅信号。传感器产生的光电脉冲信号反映鼠标器在垂直和水平方向的位移变化，再通过计算机程序的处理和转换来控制屏幕上光标箭头的移动。

(2) 光电鼠标：通过红外线或激光检测鼠标器的位移，将位移信号转换为电脉冲信号，再通过程序的处理和转换来控制屏幕上光标箭头的移动。光电鼠标的光电传感器取代了传统的滚球，这类传感器需要与特制的、带有条纹或点状图案的垫板配合使用。

跟键盘一样，鼠标的接口也有 PS/2、USB 和无线三种类型，而且鼠标处于迅猛的发展之中，在市场上出现了越来越多的新型鼠标。

3.1.8 其他常见的外部设备

台式计算机还有很多其他的外部设备，常见的有以下几种：

(1) 打印机：用于将计算机生成的文件、图像或文档输出到纸张上。打印机通过 USB、无线或网络连接到计算机。

(2) 扫描仪：用于将实体纸质文档或图片扫描成对应的数字图像或文档，以便在计算机上查看和编辑。

(3) 音频设备：包括扬声器、耳机和麦克风，用于计算机的音频输入和输出。

(3) 摄像头：用于捕捉图像或视频，并通过计算机进行通信、视频会议或视频录制。

(4) 外部存储设备：包括 USB 闪存盘 (USB Flash Disk)、外部硬盘等，用于存储和传输数据，扩展计算机的存储容量。

(5) 光盘驱动器 (CD/DVD Drive)：用于读取和写入光盘（如 CD、DVD) 上的数据。许多新型计算机不再内置光盘驱动器。

(6) 游戏控制器：用于玩电脑游戏，通常包括游戏手柄、游戏键盘、游戏鼠标等。

以上为一些常见的外部设备，实际上还有很多其他类型的设备可用于特定的计算机应用。这些外部设备可以根据不同的需求和使用场景连接至计算机，以增强计算机的功能和用户体验。

任务 3.2　台式计算机的硬件组装

3.2.1　常用工具

台式计算机
硬件组装

熟练使用工具和软件，会让工作变得轻松，同时确保任务安全正确地进行。计算机维护与维修的工具主要包括硬件工具和软件工具，硬件工具主要有以下几种：

(1) ESD 工具。ESD(Electro-Static Discharge) 的意思是"静电释放"。有两种 ESD 工具：防静电腕带和防静电垫。当计算机机箱接地时，防静电腕带可保护计算机设备。防静电垫可通过防止静电在硬件或在技术人员身上积聚来保护计算机设备。

(2) 手工工具。计算机组装流程中使用的大多数工具都是小型手工工具。它们可单独买到或作为计算机维修工具包的一部分提供，主要包括螺丝刀、钳子和镊子。计算机中的大部分配件都要使用"十"字形螺丝刀，购买时最好选择带有磁性的螺丝刀，方便在狭小的空间中吸住螺丝。组装计算机的另一个实用工具是尖嘴钳。当螺丝钉拧不动或者线材过长时，可使用尖嘴钳处理。镊子在取出小号螺丝或者在狭小空间中插线时尤其方便。镊子还可用于夹取掉落到机箱死角的物体，设置硬件上的跳线等。

(3) 电缆工具。维修和铺设电缆的工具也是计算机维修工具包的一部分，包括专用布、化学品和束线带。

(4) 诊断工具，包括数字万用表、环回适配器、WiFi 分析器、外置硬盘驱动器。

(5) 清洁工具，包括手持吸尘器、空气喷灌和抹布等。使用合适的清洁工具可确保计算机组件不会在清洁期间受损。

3.2.2　配件选择

下面我们介绍一下主机部分主要硬件的选择。

1. CPU 的选择

根据用户的使有需求选择 CPU，可以参照如下情况进行选择：

(1) 游戏用户选择高主频的 CPU。

(2) 对于需要做图形渲染工作的用户来说，多核心多线程的 CPU 是最优的选择。

(3) 普通用户如果没有玩大型游戏的需求，选择主流 CPU 即可，对 CPU 没有特殊要求。

2. 主板的选择

主板的选择相对复杂，需要一开始就总体考虑，几乎所有的配件都要围绕主板做配合。

首先是板子的尺寸，Micro-ATX、ATX 基本上可以满足大多数使用者的使用需求，需要更强大的扩充性能就考虑 E-ATX(Extended ATX)，想要更小的体积就考虑 Mini-ITX。

其次就是确认芯片组。选择 Intel 处理器，就要选择 Intel 芯片组的主板。以 Z790 芯片组来说，百位数就是它的新旧代数 (700 系列)，十位数就是高低阶差异。具体到某一款主板，还会有更详细的型号，比如微星 (MSI)PRO Z790-P WiFi DDR4，WiFi 就代表这张主板自带 WiFi 功能，DDR4 代表这个主板支持 DDR4 内存，可以去官网查询详细的参数。

3. 散热器的选择

通常买盒装 CPU 会自带散热器。但如果是 Intel 后缀带 K 或 KF 的 CPU，是没有散热器的，须另外购买。散热器基本上分风冷和水冷两种。如果没有太多组装计算机的经验，建议安装风冷散热器。虽然水冷散热器效能更强，但是其在后续维护上比较麻烦。风冷散热器在选择时要注意散热器的高度和机箱支持 CPU 散热的高度是否匹配。

4. 显卡的选择

独立显卡由众多部件组成，其中最影响性能和功能特性的部分就是 GPU 核心。目前生产 GPU 核心的厂商主要有两家，一家是 AMD，一家是 NVIDIA。采用 AMD 的 GPU 显卡，我们通称为 A 卡；采用 NVIDIA 的 GPU 显卡，我们通称为 N 卡。N 卡在性能和稳定性上有比较大的优势，A 卡在价格上有一定的优势。

5. 内存的选择

内存为 CPU 和硬盘之间的数据传输做桥梁。选择内存条主要考虑以下几点：

(1) 首先需确定主板支持哪种内存，然后根据个人需求选择相应的容量，最好使用两根相同容量的内存条组成双通道。

(2) 根据主板和 CPU 选择相应的内存条频率。

(3) 尽量选择主流品牌产品，拒绝购买小厂山寨内存。

6. 硬盘的选择

硬盘作为电脑核心硬件，无论是系统安装，还是存储文件，都需要用到硬盘，其中固态硬盘的速度比机械硬盘要快很多，成为时下装机的主流。SSD 按照性能由低到高的顺序排列：SATA 固态硬盘 <NVMe(Non-Volatile Memory Express，不易失型内存规范) 固态硬盘 (通常也叫 M.2 固态硬盘，或 PCIe 3.0 固态硬盘)<PCIe 4.0 固态硬盘。

7. 机箱与电源的选择

组装一台新 PC 时，对机箱和电源的选择影响最大的是主板，主板外形必须与机箱和电源类型相匹配，主板的选择决定了机箱和电源的类型。机箱与电源的选择详情见 3.1.1 和 3.1.2 节。

以上为计算机组装中常见硬件的选择。在选择之前，要根据客户的需求和预算制定一个清晰的计划，并确保所有硬件组件彼此兼容。如果不确定如何选择，可以咨询专业人士或参考一些硬件选择指南。

3.2.3　组装过程

1. 组装前的准备工作

1) 准备好工具和配件

计算机组装不需要很复杂的工具，只需要准备螺丝刀、镊子和防静电工具即可。

所需硬件：CPU、内存、硬盘、主板、显卡、光驱、机箱、电源、鼠标、键盘、显示器等。

2) 释放身体的静电

人体在日常活动时会产生很多静电，特别是秋冬季节，静电会更加容易产生，而在组装过程中人体静电很有可能击穿电路，所以拆卸前一定要释放身体的静电。释放的方法很简单，只要洗洗手或者触摸一些接地的金属即可。拿主板和插卡时，应尽量接触其边缘位置，不要接触板卡的集成电路。有条件的可带静电环（也叫防静电手腕带），静电环分为有绳和无绳两种，可以有效释放装配人员身上的静电，也可以戴防静电手套，如图 3-32 所示。

图 3-32　防静电手腕带和手套

2. 组装步骤

1) 安装 CPU

以 Intel 处理器为例，打开 CPU 压片之后将 CPU 放入主板的 CPU 插槽。注意主板和 CPU 上都有相应的定位缺口，缺口对齐之后把 CPU 轻放在插槽上就可以了，如图 3-33 所示。之后将拉杆拉回原处。

图 3-33　安装 CPU

2) 安装风扇

散热底座放到主板 CPU 周围的四个孔上，涂上导热硅脂，将散热器扣紧，然后连接散热器风扇电源接口，如图 3-34 所示。

图 3-34　安装风扇

3) 安装内存条

将内存条卡扣打开，对好内存缺口位置，稍微用力将内存条上面两边压下去扣紧，即安装完毕，如图 3-35 所示。

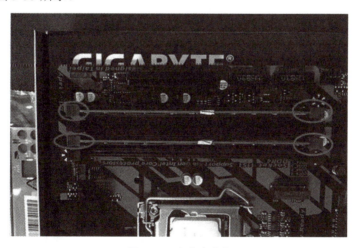

图 3-35　安装内存条

4) 将主板模块安装到机箱

首先要把螺母放进机箱的主板基座上的圆孔里面，使主板和机箱背板隔离，这样能给 CPU 的背部散热创造条件。然后使用螺丝固定主板，将主板固定在机箱螺母上。

5) 显卡安装

如果是集成显卡，这一步可以省略。主板核心模块安装到机箱后，接下来就可以安装独立显卡了。先把机箱上的挡板拆掉，打开显卡 PCI-EX16 插槽尾部的固定卡扣，类似于内存条的安装，显卡安装到位之后，固定卡扣会自动扣上，如图 3-36 所示。

图 3-36　安装显卡

6) 安装硬盘

机械硬盘上有 2 个接口，一个为数据线接口，通过它将硬盘和主板上的 SATA3.0 接口连接，用于硬盘与主板之间的数据传输；另一个为电源线接口，将电源上的一个扁平供电线插入该硬盘接口，为硬盘正常工作供电，如图 3-37 所示。

图 3-37　安装 SATA 硬盘

如果是固态硬盘，安装比较简单。以 M.2 固态硬盘为例，将固态硬盘插入 M.2 插槽中，按下去，拧上螺丝即可，如图 3-38 所示。

图 3-38　安装 M.2 固态硬盘

7) 安装电源和供电线路连接、跳线连接

把电源上的螺丝孔和机箱位置的螺丝孔对齐,之后使用螺丝固定即可,如图 3-39 所示。电源上一共有 4 个螺丝孔,很容易固定在机箱中。

图 3-39　安装电源

电源安装完成后,进行线路连接,主要涉及显卡、主板、硬盘、机箱跳线(包含开关机控制线、机箱 USB 和音频接口)的连接,这些线路连接可以参照说明书操作。

8) 安装显示器、键盘、鼠标和操作系统

电脑硬件已经完成组装后,我们连接显示器、键盘和鼠标等。安装操作系统后即可正常启动。

以上是计算机硬件组装的一般过程。前面的顺序并非固定的,可根据实际情况进行调整,注意在整个过程中要仔细阅读各硬件设备和机箱的说明书,确保安全而正确地安装硬件。

任务 3.3　计算机硬件系统的预防性维护

当计算机使用一段时间后,程序的运行速度越来越慢,计算机运行时的风扇噪音也越来越大,打游戏时突然卡死,不时还出现死机等现象。这些都是计算机"疲惫不堪"的信号,需要我们去维护。中医文化认为:"预防大于治疗,养生重于救命",同理,台式计算机的日常维护非常重要,它的意义体现在以下几个方面:

计算机硬件系统
的预防性维护

(1) 延长硬件寿命:定期清洁硬件和更换老旧的硬件可以有效地延长硬件的寿命,减少硬件故障的发生。

(2) 提高计算机性能:定期清理系统垃圾、优化系统,以及更换升级硬件可以提高计算机的性能,使其运行更加稳定和快速。

(3) 减少安全隐患:定期进行系统更新、安全补丁安装以及病毒查杀,可以减少安全隐患,提高计算机的安全性。

(4) 降低维修成本:定期维护可以避免硬件故障的发生,减少维修成本和时间。

(5) 增加用户体验：计算机的稳定性和性能对用户的体验非常重要，定期维护可以保证计算机的稳定性和性能，因而可提高用户的体验。

3.3.1　个人计算机的日常保养须知

计算机属于电子类易耗品，它对其所处的外部环境有一定的要求，如果外部环境不良极可能导致计算机运行出现故障。一般控制计算机的工作温度在 0 ~ 40℃，控制空气湿度为 10% ~ 90%，在使用过程中需要注意的问题有很多，如防尘、防水、防静电、防震等。在日常维护中，我们需要注意以下几个方面：

(1) 定期清理计算机内部的灰尘和杂物，可以使用吸尘器、清洁剂等工具。保持机箱内部的清洁，可以有效降低计算机故障的发生率，延长计算机的使用寿命。

(2) 定期检查计算机硬件的连接和插槽，如内存条、显卡、硬盘等。连接不良会导致计算机出现各种问题，影响计算机的正常运行。

(3) 定期更新计算机的驱动程序和系统补丁，以确保计算机的安全性和稳定性。同时，也需要定期备份重要的数据，以免数据丢失造成不必要的损失。

(4) 定期检查计算机硬件的温度，如 CPU、显卡等。温度过高会导致硬件损坏，甚至会引发火灾等安全问题。

(5) 定期检查、更换计算机机箱内的风扇和散热器，确保散热正常。

(6) 确保计算机的电源和电压稳定，避免电压不稳定或过高过低导致硬件损坏。

以上是在计算机日常维护中需要注意的几个方面。这些方面不仅关系到计算机的正常运行，而且关系到我们的个人安全和工作效率。因此，我们需要认真对待计算机的日常维护工作，做好维护的每一个细节，同时，也需要牢记"安全第一"的原则，保护好自己和他人的安全。

3.3.2　个人计算机硬件的日常保养

在日常使用计算机的过程中，全面保养硬件可提高计算机的使用寿命，下面介绍计算机主要硬件组成部分的具体维护方法。

1. 计算机主板的日常维护

主板在计算机中的作用是十分重要的，主板的性能在一定程度上决定了计算机的性能。很多的计算机硬件故障都是由于计算机的主板与其他部件接触不良或主板故障所产生的。做好主板的日常维护，一方面可以延长计算机的使用寿命，另一方面可以保证计算机的正常运行。计算机主板的日常维护主要应该做到防尘和防潮，如果灰尘过多，主板与各部件之间就有可能接触不良，产生未知的故障；如果环境太潮湿，主板很容易变形而产生接触不良等故障，影响正常使用。另外，在组装计算机时，固定主板的螺丝不要拧得太紧，各个螺丝都应该用同样的力度，如果拧得太紧也容易使主板产生变形。

2. CPU 的日常维护

要想延长 CPU 的使用寿命，保证计算机正常工作，首先要保证 CPU 在正常的频率下工作，通过超频来提高计算机的性能是不可取的。作为计算机中的一个发热比较大的部件，CPU 的散热问题也是不容忽视的，CPU 不能很好地散热，就有可能引起系统运行不正常、机器无缘无故重新启动、死机等故障。如果计算机一直工作正常，就不要移动 CPU。清理机箱、清洁 CPU 以后，安装时一定注意安装到位，以免引起机器不能启动。

3. 内存条的维护

在增加内存条的时候，尽量要选择和以前品牌、外频一样的内存条，来和以前的内存条搭配使用，这样可以避免系统运行不正常等故障。

4. 显卡的日常维护

显卡也是计算机的一个"发热大户"，平常要注意显卡的散热风扇运转是否正常，是否有明显的噪音，或者是否存在运转不灵活、转一会儿就停等现象。如发现有上述问题，要及时更换显卡的散热风扇，以延长显卡的使用寿命。

5. 光驱的维护

光驱使用久了，CD 托盘难免会堆积灰尘，用干净的纸或抹布清洁干净即可。

6. 计算机的接线处理

一台计算机的接线有很多，有时为方便管理电源线，就会使用多孔的接线板。这样一来，计算机的电源开关除了主机的电源开关以外，还包括接线板的开关。如果不小心按到接线板的开关，工作中的计算机总电源会整个断掉，导致计算机数据流失、毁损的情形发生。这是使用接线板管理电源时，要特别注意的地方。

计算机所连接的除了电源线以外，还有各种信号线，这些线长度不一，如果没有经过整理捆绑，就会纠缠在一起，不但造成视觉上的混乱，而且要找某条线还比较困难。我们可以利用收纳线将这些信号线、电源线做 S 形的卷动直到适当的长度，再将之捆绑起来，这样就避免了混乱的现象。

综上所述，台式计算机硬件系统的日常维护对于保护硬件、提高性能、增加安全、降低成本以及增加用户体验都非常重要。只有做好维护，才能达到"三省"即省心、省钱、省时间的目的。

任务 3.4　实战演练：台式计算机主机内部的清洁维护

1. 训练目的

(1) 熟练拆装机器。

(2) 掌握主机内部的清洁维护要点。

2. 训练内容

在长时间使用台式机的过程中，主机内部会积累灰尘和污垢，这可能会降低散热效果，导致机器过热，进而影响计算机的性能和寿命。计算机主机内部的清洁主要包括清除机箱内表面的灰尘，清理各种插槽，内存条和 CPU 风扇的清洁维护等。

本训练以戴尔 OptiPlex 5040 机型为例，练习计算机主机内部的清洁维护操作。

3. 具体过程

1) 维护前的准备工作

在拆卸台式机之前，一定要注意以下 3 件事：

(1) 准备维护工具。计算机维护不需要很复杂的工具，一般的除尘维护只需要准备十字螺丝刀、刷子、手持吸尘器和干净的抹布就可以了。

(2) 释放身体的静电。

(3) 观察各接口和螺丝安装方式。由于计算机的型号和品牌的不同，配件的安装和拆卸都不尽相同，因此在拆卸前，应当注意观察各接口和螺丝的安装方式，以便拆卸和安装部件。

2) 拆卸计算机主机

(1) 关闭所有电源，拔下外设连线。

关闭电源开关，拔下电源线以后，就可以开始拆卸主机了。拆卸主机的第一步是拔下机箱后侧的所有外设连线。拔除与计算机的外设连线主要有两种方式：一种是将插头直接向外平拉就可以了，如键盘线、鼠标线、电源线、USB 电缆等；另一种是先拧松插头两边的螺丝固定把手，再向外平拉，如显示器信号电缆插头、打印机信号电缆插头，如图 3-40 所示。

图 3-40　关闭电源和拔下外设连线

(2) 拆开机箱盖。

拔下所有外设连线后就可以打开机箱了。该机型的机箱盖是用螺丝固定的，拆下螺丝，往外拉箱盖就可以打开机箱，如图 3-41 所示。现在很多新型的机箱盖都是采用卡扣设计，按下就可以拆开机箱盖。主机内部部件如图 3-42 所示。

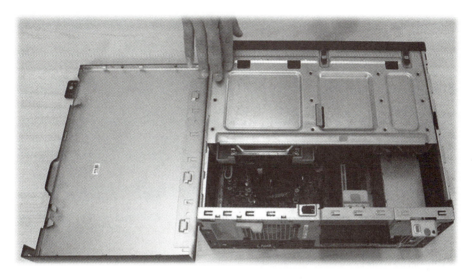

图 3-41　拆下机箱盖

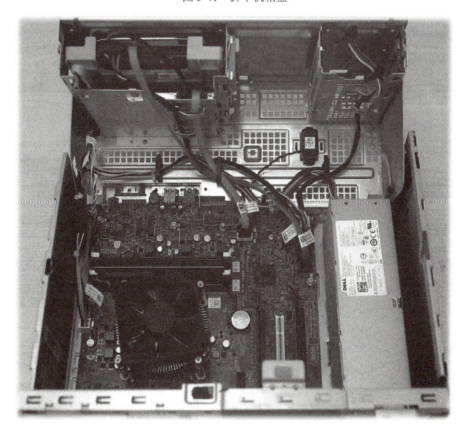

图 3-42　主机内部部件图

(3) 拆下适配卡。

该机型主板集成有声卡与显卡，PCI 扩展槽默认没有安装显卡，内存插槽中安装了一条 DDR 内存条。拆卸内存条时，用手轻轻地向外拉开卡扣，即可拔出内存条，如图 3-43 所示。

图 3-43　拆卸内存条

（4）拔下驱动器数据线。

硬盘和光驱的数据线一头插在驱动器上，另一头插在主板的接口插座上。捏紧数据线插头的两端，平稳地沿水平方向拔出即可，如图 3-44 所示。

拔下驱动器数据线时要注意两点：一是不要拉着数据线向下拔，以免损坏数据线；二是注意拔下的方向以便还原。

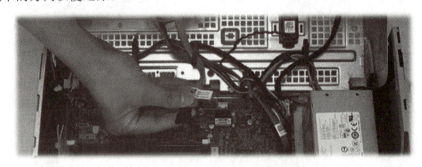

图 3-44　拔下硬盘数据线、光驱数据线

（5）拔下硬盘、光驱和主板等供电电源线插头。

用手按住电源插头上的小塑料卡口，拔出主板电源线，如图 3-45 所示。需要拔下的插头还有 CPU 风扇电源插头、硬盘电源插头和主板与机箱面板的插头等。拔下这些插头时应做好记录，如插接线的颜色、插座的位置、插座插针的排列等，以方便还原装好。

图 3-45　拔下主板电源插头

(6) 拆下 CPU 风扇，扭松主板的固定螺丝，取出主板。

先拆 CPU 风扇，如图 3-46 所示，然后取下所有固定主板的螺丝，如图 3-47 所示。一只手托住主板，另外一只手往内轻轻地压主板上的 I/O 接口，这样就可以取出主板了。

图 3-46　拆下 CPU 风扇

图 3-47　取下固定主板的螺丝

3) 清理机箱内表面的灰尘

对于机箱内表面上的积尘，可用拧干的湿布擦拭或使用吸尘器清洁，如图 3-48 所示。注意各种插头插座、扩充插槽、内存插槽及板卡一定不要用水擦拭。

图 3-48　清洁机箱内部灰尘

4) 清洁插槽、插头、插座

使用吸尘器清洁各种总线扩展插槽、内存条插槽、各种驱动器接口插头插座等，如图3-49 所示。

图 3-49　清洁插槽

5) 清洁内存条和显卡

内存条和各种适配卡的清洁包括除尘和清洁电路板上的金手指。金手指是电路板和插槽之间的连接点，如果有灰尘、油污或者被氧化，均会造成接触不良，陈旧的计算机的大量故障由此而来。高级电路板的金手指是镀金的，不容易氧化。为了降低成本，一般适配卡和内存条的金手指没有镀金，只是一层铜箔，时间长了会发生氧化。可用橡皮擦来擦除金手指表面的灰尘、油污或氧化层，如图3-50 所示。切不可用砂纸类东西来擦拭金手指，否则会损伤极薄的镀层。

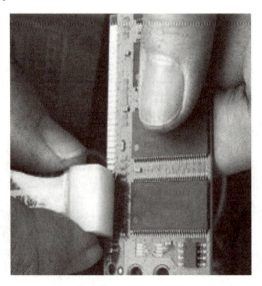

图 3-50　清洁金手指

6) 清洁 CPU 风扇

CPU 风扇的作用非常重要，风扇灰尘太多，就会使风扇转速过慢，从而导致 CPU 的温度过高，计算机的性能就会打折扣。清洁风扇上的灰尘，如图 3-51 所示。

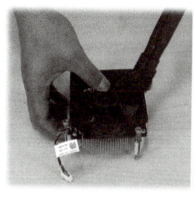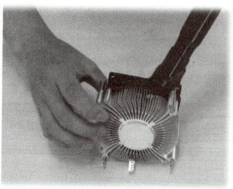

图 3-51　清洁 CPU 风扇

7) 原样装机

维护好板卡以后，就可以按原样装机了。如果对主机的结构不是非常熟悉，可以在拆卸之前用手机拍几张照片，在装机时就可以参照原图进行。注意，通电检测前，建议只安装必要的设备，比如主板、CPU、内存条、散热风扇和显卡等，在确定没有问题的情况下再进行其他部件的安装和复原。

4. 任务总结

通过操作练习，我们完成了对台式计算机主机内部的清洁维护，掌握了台式计算机的拆装步骤，关键点如下：

(1) 动手拆装计算机前，一定要断开电源线，同时释放身体的静电。

(2) 有些原装和品牌计算机不允许用户自己打开机箱，如擅自打开机箱可能会失去一些由厂商提供的保修权利，这种情况要注意。

(3) 各部件要轻拿轻放。

(4) 拆卸时注重各插接线的方位，如硬盘线、光驱线、电源线等，以便正确还原。

(5) 用螺丝固定各部件时，应首先对准部件的位置，然后再拧紧螺丝。尤其是主板，位置略有偏差就可能导致插卡接触不良；主板安装不平可能会导致内存条、适配卡接触不良甚至造成短路，此外时间久了可能会发生变形，导致故障发生。螺丝不要一下拧紧，先在对角好螺丝，然后再完全拧紧。

(6) 安装时，主板不要直接放在坚硬的桌面上，建议在主板下面垫上其包装盒中的海绵垫，如果找不到原包装盒，可以用柔软的垫子放在下面，以免弄坏背面针脚的触点。

◎ 项目总结

台式计算机是我们日常工作和生活中常见的设备之一，其硬件配置和组装对计算机的性能和稳定性具有重要影响。通过本单元的学习，我们要掌握台式机的硬件知识，熟悉台式机的主要组成部分，能够做好对台式机的日常维护。

　　总之，台式计算机的硬件组装和配置是一个复杂的过程，需要仔细阅读各硬件设备和机箱的说明书，确保正确且安全地安装硬件，同时还需要注意各组件的接口和配置，确保计算机的性能和稳定性。另外，还需要注意做好静电防护和安全措施，以避免硬件损坏和引发安全问题。

☀ 习题

　　1. 列举组装一台台式计算机所必需的硬件组件。
　　2. 简述台式计算机的硬件组装过程。

项目 4 操作自如——操作系统的配置与管理

知识目标

1. 了解操作系统的基本知识；
2. 了解国产操作系统的发展状况。

能力目标

1. 能够安装和配置 Windows 操作系统；
2. 能够安装国产统信 UOS 操作系统。

素养目标

1. 聚焦国产操作系统的发展史，坚定理想信念，注重信息技术的应用创新。
2. 重视关键技术的国产化，用心铸"魂"。

学习情境

　　假设你是一家中小型企业的 IT 管理员，负责管理和配置公司的终端设备。最近，公司采购了一批全新的台式机，需要对这些计算机进行操作系统的配置和管理，以确保员工能够顺利使用这些设备进行工作，你需要了解哪些内容呢？

任务 4.1 认识操作系统

　　操作系统是计算机系统的核心组成部分，是系统软件的一种。它负责管理计算机硬件和软件资源，同时还提供了其他软件和用户之间的接口。从本质来看，操作系统其实就是一套底层软件，专门负责把所有的硬件和上层软件（中间件、数据库、应用程序等）管理和连通起来，并进行资源调配，完成用户下达的任务，如图 4-1 所示。

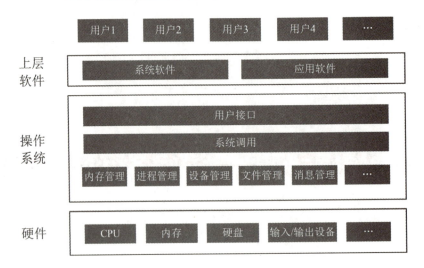

图 4-1　操作系统的作用

操作系统提供了许多基本服务，如管理计算机的 CPU、内存、输入/输出设备和存储器等硬件资源，以及提供文件系统、网络通信、安全性管理、进程管理、内存管理、设备管理、用户接口等。操作系统还支持各种用户应用程序的执行，并负责在不同应用程序之间分配硬件资源，协调它们之间的交互。

认识操作系统

操作系统为用户提供了一个友好和一致的环境，使用户能够执行各种任务，如创建文件、运行应用程序、管理设备，同时保证系统的稳定性和安全性。

常见的操作系统包括 Windows、macOS、Linux 等。从使用场景来看，操作系统大致可以分为桌面操作系统、服务器操作系统、移动终端操作系统、嵌入式操作系统、物联网操作系统、云操作系统等，如表 4-1 所示。

表 4-1　操作系统的分类

操作系统类别	代　　表
桌面操作系统 (PC、笔记本电脑等)	Windows XP/10/11、macOS、Linux 等
服务器操作系统	UNIX、Linux、Windows Server、欧拉操作系统等
移动终端操作系统 (手机、可穿戴设备等)	Android、iOS、Windows Phone(WP)、鸿蒙系统等
嵌入式操作系统	FreeRTOS、Unison、eCos、MQX 等
物联网操作系统	Android Things、ALiOS、ARM Mbed OS、鸿蒙系统等
云操作系统	Windows、CentOS、Ubuntu

4.1.1　操作系统的功能

操作系统包括以下的核心功能和服务：

(1) 进程管理：操作系统负责管理系统中的所有进程 (程序的执行实例)，包括进程创建、调度、切换、同步和通信等。

(2) 内存管理：操作系统负责管理计算机的内存资源，包括内存分配、释放、回收、共享和保护等。

(3) 文件系统：操作系统负责管理计算机的文件和目录，包括数据存储、访问控制、备份和恢复等。

(4) 设备管理：操作系统负责管理计算机的各种设备，包括输入/输出设备、网络设备和存储设备等，以及对它们的配置、控制和驱动等。

(5) 用户接口：操作系统负责给用户提供一个友好和一致的界面，包括命令行界面 (Command-Line Interface，简称 CLI) 和图形用户界面 (Graphical User Interface，简称 GUI) 等。在命令行界面，用户在提示符处键入命令，如图 4-2 所示；在如图 4-3 所示的图形界面中，用户使用菜单和图标进行交互。

图 4-2　命令行界面

图 4-3　图形界面

（6）网络通信：操作系统可以提供网络通信功能，包括处理 TCP/IP(Transmission Control Protocol/Internet Protocol，传输控制协议/网际协议)、实现共享文件和打印机、远程访问和管理等。

（7）安全性管理：操作系统负责保护计算机系统和用户数据的安全，包括访问控制、安全策略、防病毒和入侵检测等。

操作系统的发展也随着计算机技术的进步而不断发展和演进。例如，虚拟化技术、云计算技术等的出现，为操作系统的应用和管理提供了更多的可能性和灵活性。

4.1.2　国产操作系统

了解国产
操作系统

操作系统是信息系统之"魂"，20 多年前，时任科技部部长徐冠华曾说，"中国信息产业缺芯少魂"。这里的"芯"指的是芯片，"魂"就是操作系统。操作系统是连接计算机系统软、硬件资源的纽带。《"十四五"数字经济发展规划》等多项重要政策强调操作系统国产化的重要性。

中国桌面操作系统当前面临两大挑战：一是 Windows+Intel 架构依旧统治着整个民用市场，二是从趋势上来看 Windows+Intel 闭源架构，正面临以 Linux 为代表的日趋成熟的开源生态的挑战。

中国的操作系统国产化浪潮源于 20 世纪末，历经 20 余年，厚积薄发、屡败屡战。目前，依托开源生态以及政策东风，国产操作系统正快速崛起，涌现出一大批以 Linux 为主要架构的操作系统，如中标麒麟、银河麒麟、深度 Deepin、华为鸿蒙等，其各有所长，在市场竞争中不断加大国产厂商的市场话语权和操作系统占有率。国产系统的发展可以分为以下四个阶段，如表 4-2 所示。

表 4-2　操作系统的分类

发展阶段	特　点
启蒙阶段 （1989—1995 年）	制定了以 UNIX 为技术路线的打造计划，中软公司研发了 COSIX 系列操作系统
发展阶段 （1996—2009 年）	国产操作系统基本确立以 Linux 内核为基本的技术路线，产品开始步入实验室阶段
壮大阶段 （2010—2017 年）	经过一轮行业洗牌，留下的国产操作系统得到进一步发展，逐步壮大为成熟可用的产品
攻坚阶段 （2018 年至今）	在中美贸易摩擦的大背景下，闭源的商业软件产品和开源的非营利软件项目均面临贸易封锁风险，自主化打造势在必行

在 40 多年的发展历史中，涌现出多种国产操作系统，大体可将其分成自主研发与基于 Linux 内核两大类。

1. 自主研发操作系统

早期的国产操作系统 COSIX 及最初的麒麟操作系统均采取了自主研发的策略，除产品的规格定义参照国际标准外，整个操作系统均由中国开发人员进行开发，不依赖已有成果。这类操作系统的知识产权完全自主可控，但"闭门造车"的开发方式，受开发团队的限制，使系统容易存在漏洞；同时，市场规模较小，会出现软件生态薄弱等问题，除中科方德外，当前大多数国产操作系统已不再采取自主研发的方式。

2. 基于 Linux 内核

由于开源操作系统内核 Linux 的出现，越来越多的厂商选择基于 Linux 内核或其基础发行版进行研发，实现自主可控的目标。与 Windows 操作系统存在断供风险不同，Linux 内核由 GPL(General Public License，通用公共许可协议)v2 许可证授权，因此任何人都可以使用 Linux 内核，对其进行运行、复制、修改、分发，甚至是盈利，这为基于 Linux 的国产操作系统提供了自主可控的基础。同时，操作系统厂商需要对 Linux 内核进行深入的分析与研究，对代码有一定的把握，对其进行定制及安全增强，防止后门的出现。

历经几十年的发展，国产操作系统在政策和市场因素的双重推动下不断创新，已经实现了从无到有、从"可用"走向"好用"的跨越式发展，相关产品已经在多个领域进入核心应用。在产业界，国内操作系统在努力向国际先进水平靠近，主要特点如下：

(1) 国内的 openEuler 操作系统、龙蜥操作系统、麒麟操作系统、统信操作系统等，与国外的 Ubuntu 操作系统、RedHat 操作系统、SUSE 操作系统类似，都是基于 Linux 内核的多种软件集合而形成的 Linux 发行版操作系统。

(2) 运行在手机上的 OpenHarmony(鸿蒙) 操作系统与 Google 公司的 Android 操作系统类似，都是基于 Linux 操作系统内核，提供适合触摸交互的图形交互软件框架和移动终端共性服务的移动终端类操作系统。

(3) 运行在嵌入式设备上的 OpenHarmony 操作系统、RT-Thread、SylixOS 等属于实时操作系统 (Real Time Operating System，RTOS) 范围，除了在传统工业控制上继续发展之外，还在互联网、物联网、分布式协同领域等快速突破，形成了开发环境、分布式协同等更广泛的系统级支持。

(4) 在目前火热的自动驾驶领域，不少国内新造车企业 (如理想、蔚来、小鹏等)，与国外的特斯拉等在多方位进行竞争，都开展了面向新型电子驾驶、自动驾驶的操作系统研发，形成了新的操作系统产业热点。

在开源操作系统生态不断成熟的背景下，中国的国产操作系统依托开源生态和政策东风正快速崛起，市场潜力巨大，未来发展前景值得期待。

任务 4.2　桌面操作系统的安装与配置

4.2.1　Windows 10 操作系统的安装与配置

Windows 操作系统是一款由美国微软公司开发的窗口化操作系统。采用了 GUI 图形化操作模式，比从前的指令操作系统如 DOS 更人性化。

1. Windows 操作系统的特点

Windows 操作系统是目前世界上使用最广泛的桌面操作系统，具有如下特点：

(1) Windows 操作系统的人机操作性优异。

操作系统是用于与计算机硬件沟通的桥梁，没有良好的人机操作性，就难以吸引广大用户使用。Windows 操作系统能够作为个人计算机的主流操作系统，其优异的人机操作性是重要因素。Windows 操作系统界面友好，窗口制作优美，操作动作易学，多代系统之间有良好的传承，计算机资源管理效率较高，效果较好。

(2) Windows 操作系统支持的应用软件较多。

Windows 操作系统由开发操作系统的微软公司控制接口和设计，公开标准，有大量商业公司在该操作系统上开发商业软件。Windows 操作系统的大量应用软件为客户提供了方便。这些应用软件门类全，功能完善，用户体验性好。例如，Windows 操作系统有大量的多媒体应用软件，客户只需要使用这些基于操作系统开发的商业软件就可以享受多媒体带来的快乐。

(3) Windows 操作系统对硬件支持良好。

硬件的良好适应性是 Windows 操作系统的又一个重要特点。Windows 操作系统支持多种硬件平台，对于硬件生产厂商宽泛、自由的开发环境，激励了这些硬件公司选择与 Windows 操作系统相匹配，也激励了 Windows 操作系统不断完善和改进，同时，硬件技术的提升也为操作系统功能拓展提供了支撑。另外，该操作系统支持多种硬件的热插拔，方便了用户的使用，也受到了广大用户的欢迎。

2. Windows 系列桌面系统的安装与配置

1) 安装前

在安装操作系统之前，要做以下准备：

(1) 准备好系统光盘或者 U 盘启动盘。

(2) 准备好操作系统安装文件（.GHO 或 .ISO 文件）。

Windows 操作系统的安装与配置

(3) 数据备份。进行系统安装时，系统盘原来的数据会被全部覆盖，用户存储在系统盘的重要数据会被格式化，所以在安装系统之前，必须要在做好重要数据备份工作并征得使用者同意后才可继续进行。

(4) 将计算机的驱动程序进行备份。

(5) 进入系统的 BIOS，设置第一启动项，或者开机的时候根据提示按相应的启动快捷键，自动进入计算机的快速启动选项界面，选择需要启动的设备。主流品牌计算机和组装机主板开机进入快速启动选项界面的启动快捷键如表 4-3 ～表 4-5 所示。注意，在进入快速启动选项界面前，应先插好 U 盘。

表 4-3　各大品牌笔记本启动快捷键

笔记本品牌	启动快捷键	笔记本品牌	启动快捷键
宏碁笔记本	F12	技嘉笔记本	F12
戴尔笔记本	F12	明基笔记本	F9
华硕笔记本	Esc	索尼笔记本	Esc
惠普笔记本	F9	清华同方笔记本	F12
联想 Thinkpad	F12	方正笔记本	F12
联想笔记本	F12	Gateway 笔记本	F12
神舟笔记本	F12	东芝笔记本	F12
IBM 笔记本	F12	富士通笔记本	F12
三星笔记本	F12		

表 4-4　各大品牌台式计算机启动快捷键

台式机品牌	启动快捷键	台式机品牌	启动快捷键
华硕台式机	F8	联想台式机	F12
神舟台式机	F12	惠普台式机	F12
清华同方台式机	F12	宏碁台式机	F12
方正台式机	F12	戴尔台式机	Esc
海尔台式机	F12	明基台式机	F8

表 4-5　组装机主板启动快捷键

主板品牌	启动快捷键	主板品牌	启动快捷键
华硕主板	F8	致铭主板	F12
技嘉主板	F12	冠铭主板	F9
华擎主板	F11	磐正主板	Esc
映泰主板	F9	磐英主板	Esc
梅捷主板	Esc 或 F12	杰微主板	Esc 或 F8
七彩虹主板	Esc 或 F11	Intel 主板	F12
微星主板	F11	捷波主板	Esc
斯巴达卡主板	Esc	盈通主板	F8
昂达主板	F11	铭瑄主板	Esc
双敏主板	Esc	顶星主板	F11 或 F12
翔升主板	F10	富士康主板	Esc 或 F12
精英主板	Esc 或 F11	冠盟主板	F11 或 F12

2) 安装过程

常用的操作系统的安装方法有：通过光盘安装、通过虚拟光驱安装、通过硬盘直接安装、通过 U 盘安装、通过外部软件引导安装和通过 VHD(Virtual Hard Diskformat，微软的一种虚拟硬盘文件格式) 安装。下面我们演示通过虚拟机光驱安装 Windows 10 操作系统的过程。

(1) 打开 VMware Workstation 虚拟机，采用"自定义"的方式创建新的虚拟机，如图 4-4 所示。注意 Windows 10 最低硬件配置为：1 GHz 或更快的处理器；1 GB(32 位操作系统) 或 2 GB(64 位操作系统) 的内存；16 GB(32 位操作系统) 或 20 GB(64 位操作系统) 的硬盘空间。在最低硬件要求的基础上，配置如图 4-5 所示的虚拟机。

图 4-4　准备创建虚拟机

图 4-5　虚拟机硬件配置

(2) 加载 Windows 10 操作系统的 ISO 镜像文件。单击"浏览 (B)",选择 ISO 镜像文件,如图 4-6 所示。

图 4-6　加载 ISO 镜像文件

(3) 在选择要安装的操作系统的界面中,选择"Windows 10 教育版",如图 4-7 所示,单击"下一步",开始安装。

图 4-7　选择 Windows 10 操作系统

(4) 开始安装,同意默认设置,如图 4-8 所示。直接单击"下一步"(后面的步骤类似,直接单击"下一步"即可)。

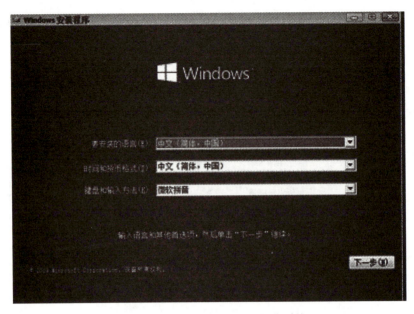

图 4-8　开始安装 Window10 操作系统

(5) 完成安装后，系统重新启动，Windows 会继续完成设置。可以使用本地账户设置
Windows。

(6) 安装完成后，登录操作系统，显示如图 4-9 所示的桌面。

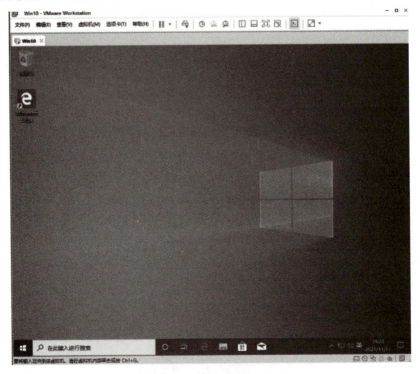

图 4-9　登录后的桌面

(7) 系统激活后，可以根据需要进行基本配置，例如在桌面右击，再单击选择"个性化"，
单击"主题"，增加桌面图标，如图 4-10 所示。

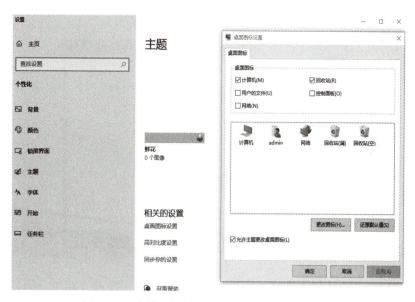

图 4-10　"个性化设置"和"桌面图标设置"界面

3) 系统安装后期

操作系统安装完成以后，尚不能马上投入使用，仍需继续完成以下工作。

(1) 驱动程序的安装。

可以直接使用安装之前备份好的驱动程序，若没来得及备份，也可以使用一些**快捷的驱动程序安装的方法**，如第三方驱动软件来安装所有的硬件驱动，常用的有万能驱动助理和驱动精灵等。万能驱动助理的优点在于本身集成了几乎所有的主流品牌的驱动程序，不需要重新查看硬件型号再到官网下载，省时省力，即使在没有网卡驱动的情况下也可以顺利安装各种驱动程序。下面我们用万能驱动助理来安装驱动程序。

① 打开万能驱动助理 (wandrv.exe)，出现驱动程序安装界面，选择需要安装的驱动程序，如图 4-11 所示。

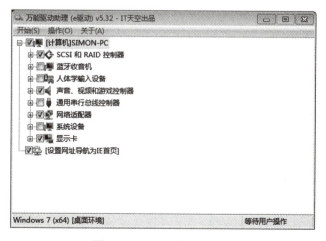

图 4-11　驱动程序安装界面

② 单击窗口左上角的"开始"按钮，在下拉菜单项中选择"解压并安装驱动 [推荐]"，如图 4-12 所示，该程序会自动安装驱动程序。安装完成后，程序提示重启计算机，单击"确

定"，重启计算机后驱动程序就会生效。

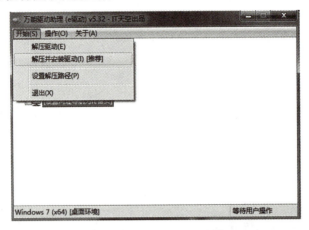

图 4-12　自动安装驱动程序

注：驱动程序安装的重点是网卡驱动的安装，如果网卡驱动安装成功的话，其他的驱动可以借助其他的软件如驱动精灵、驱动人生、鲁大师等通过联网直接下载。

(2) 各种应用软件的安装。

由于软件的安装方法比较简单，在此不做讲解，下面列举几种常用的应用软件：

(1) 安全杀毒软件：360 安全卫士、卡巴斯基、火绒安全软件等。

(2) 解压软件：WinRAR、360 压缩等。

(3) 办公软件：Microsoft Office 系列、金山 WPS 系列等。

(4) 输入法：搜狗输入法、百度输入法等。

(5) 聊天软件：腾讯 QQ、微信等。

(6) 音频软件：酷狗音乐、QQ 音乐等。

(7) 影音播放器软件：百度影音、迅雷播放器、QQ 影音等。

Windows 操作系统
的常用管理工具
——磁盘管理

4.2.2　Windows 操作系统的硬盘分区

将新硬盘连接到计算机后，须先创建并格式化硬盘分区，否则在磁盘管理中新硬盘会显示为"未分配空间"，并在文件资源管理器中不可见。为了使其可见并可用于数据存储，须先将硬盘初始化为 MBR(Master Boot Record，主引导记录) 或 GPT(GUID Partition Table，GUID 全局唯一标识符分区表)，然后在其上创建至少 1 个分区，并将其格式化为与当前操作系统兼容的文件系统 (NTFS、FAT32、exFAT 等)。通常情况下，需要在硬盘上创建多个分区，尤其是当硬盘容量很大时，我们可以为系统文件创建一个单独的分区，避免因突发事故而导致系统数据损坏或丢失。

分区可以理解成硬盘的区域，几个区域中所储存的数据互不干扰。一个硬盘上可以有多个分区。硬盘分区有两种基本类型：基本分区和扩展分区。基本分区按用户定义可以设置为活动分区 (操作系统正在运行的分区)，扩展分区则要定义成逻辑分区才能使用。

当启动操作系统时，操作系统会给每个分区一个驱动器号即盘符。不管机器上是否有软盘驱动器存在，A: 和 B: 固定分配给软盘驱动器使用，C: 分配给活动分区，后面按照顺序分配给逻辑分区，最后才分配给光盘驱动器。

在硬盘上创建新分区，并对新分区进行格式化，常用的方法有通过命令提示符、Windows 的磁盘管理工具和第三方分区软件这 3 种。

1. 使用命令提示符对硬盘创建分区并格式化

(1) 按键盘上的"Windows"+"R"键打开运行对话框，输入"cmd"，然后单击"确定"按钮，打开命令提示符窗口。

(2) 输入"diskpart"并按 Enter 键，启动 DiskPart.exe 工具。

(3) 对硬盘创建分区。依次输入如图 4-13 所示的命令行，在每个命令输入完成后按 Enter 回车键。

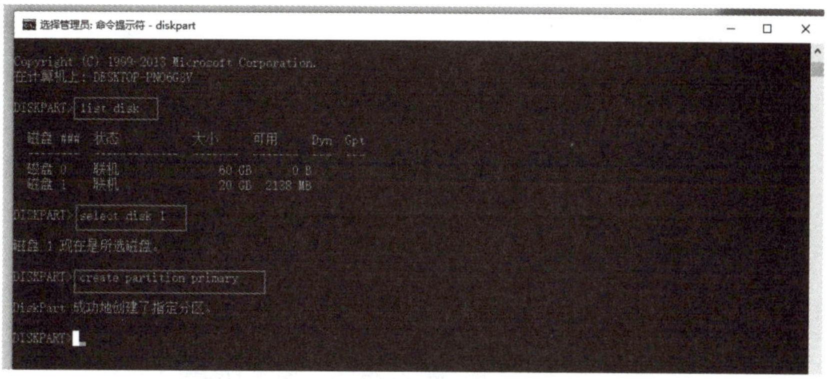

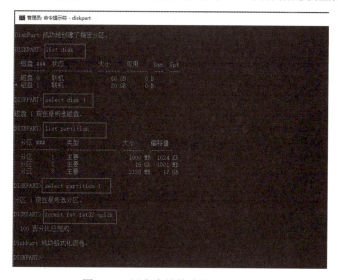

图 4-13　通过命令提示符创建硬盘分区

上述命令将创建一个包含所有未分配空间的主分区。如果想创建一个更小的分区，可以输入"create partition primary size=n"来创建一个特定大小的分区。还可以将主分区设置为扩展分区或逻辑分区，以创建扩展分区或逻辑分区。硬盘分区创建完成后，再使用命令符格式化硬盘分区，只需输入如图 4-14 所示的命令即可执行指定硬盘分区的格式化。

图 4-14　用命令符格式化硬盘分区

图 4-14 所示的命令执行后，结果是将分区 1(partition1) 按 FAT32 文件格式格式化。

若想使用其他文件格式，可以用 convert 命令将 FAT32 替换为 NTFS 或 exFAT。但需要注意的是 Diskpart 无法对超过 32 GB 的 FAT32 分区进行格式化。

2. 使用 Windows 内置的磁盘管理工具对硬盘创建分区并格式化

下面来演示如何通过磁盘管理工具创建并格式化硬盘分区，首先在虚拟机中添加 20 GB 的硬盘；然后在磁盘上创建 FAT32 格式的分区；最后通过 convert 命令将该分区转换为 NTFS 格式，观察 FAT32 格式与 NTFS 格式的区别。具体操作步骤如下：

(1) 按键盘上的"Windows"+"R"打开运行对话框，输入"diskmgmt.msc"，然后单击"确定"按钮，打开磁盘管理工具；或者单击"控制面板"→"管理工具"→"计算机管理"，打开磁盘管理界面，如图 4-15 所示。

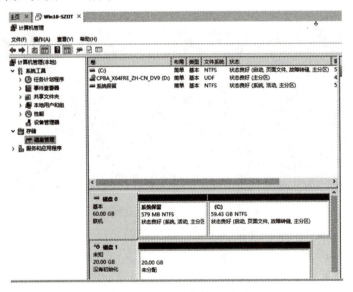

图 4-15　打开磁盘管理界面

(2) 在可用空间中创建新的磁盘卷（在 20 GB 的新硬盘中创建新的磁盘卷），右键单击"可用空间"或"未分配"空间块，然后单击"新建简单卷"，如图 4-16 所示。

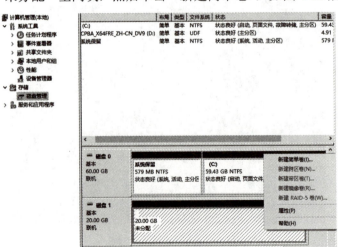

图 4-16　新建简单卷

(3) 打开"新建简单卷向导"窗口，单击"下一步"。在"简单卷大小 (MB)"字段中输入 2000，单击"下一步"，单击"分配以下驱动器号："单选按钮。从下拉菜单中选择"I"，然后单击"下一步"，如图 4-17 所示。也可以指定其他不同的驱动器号。

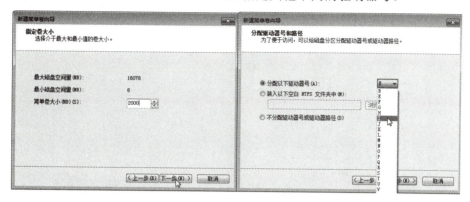

图 4-17　指定简单卷的大小并分配驱动器号

(4) 单击"按下列设置格式化这个卷："单选按钮，将卷标改为"lyx"，如图 4-18(a) 所示。从"文件系统"下拉菜单中选择 FAT32，然后单击"下一步"，如图 4-18(b) 所示。

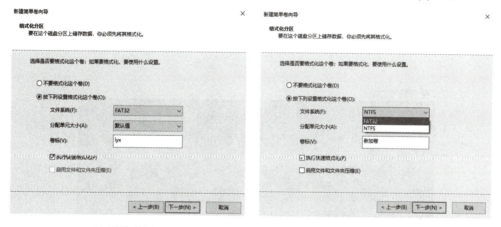

(a) 更改卷标　　　　　　　　　　(b) 指定文件系统类型

图 4-18　更改卷标并指定文件系统类型

(5) "正在完成新建简单卷向导"窗口打开，单击"完成"，如图 4-19 所示。

图 4-19　完成新建简单卷向导

(6) 在新加卷中创建文本文档，右键查看其属性，如图 4-20 所示。

图 4-20　新建文本文档并查看其属性

(7) 在命令提示符下，输入"convert I: /fs:NTFS"，然后按 Enter 键。系统将提示输入驱动器 I: 的当前卷标，输入"lyx"并按 Enter 键，即可完成对文件系统的转换，如图 4-21 所示。

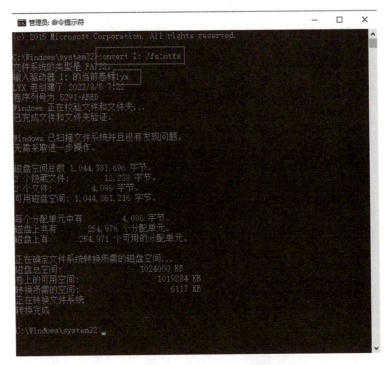

图 4-21　转变文件系统类型

(8) 右键单击"sziit 测试"文档，从下拉菜单中选择"属性"，对比图 4-22 和图 4-20。可以发现，转变文件系统类型后属性窗口中多了一个"安全"选项卡。

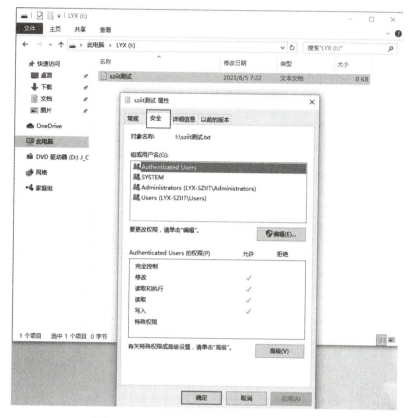

图 4-22　NTFS 文件系统下文本文档的属性

3. 使用第三方分区软件对硬盘创建分区并格式化

使用命令提示符和磁盘管理工具创建并格式化硬盘分区存在一些限制，如因为 FAT32 分区大小限制，不允许创建超过 32 GB 的 FAT32 分区，或将超过 32 GB 的分区格式化为 FAT32 文件系统，磁盘管理工具无法将内部硬盘格式化为 exFAT 文件系统。我们可以使用第三方分区软件解决这些问题，如 Disk Manager、PQ、中文版 DISKGEN、傲梅分区助手等，这些工具分区速度快，甚至能实现无损分区。

4.2.3　Linux 操作系统的安装、登录与退出

Linux 最早是由芬兰赫尔辛基大学的一位学生 Linus Torvalds 编写的。当时 Linux 是他的一项个人研究项目，其目的是为 Minix 用户设计一个比较有效的 UNIX PC 版本。Linus Torvalds 称它为 Linux，于 1991 年发行了 Linux 0.11 版本，并将它发布在 Internet 上，免费供人们使用。经过各地 Linux 爱好者的补充和修改，到 1994 年 Linux 1.0 发布之时，这一操作系统已经具备了多任务和对称多处理的功能。如今 Linux 家族已经有近两百个不同的版本。所有这些不同的版本都基于最初的、免费的源代码。不同的公司可以推出不同的 Linux 产品，但是他们都必须承诺对初始源代码的任何改动皆公布于众。

下面我们以红帽 Red Hat Enterprise Linux 8 在虚拟机中的安装为例，了解 Linux 操作系统的安装要点。

（1）新建虚拟机，如图 4-4 所示。选择客户机操作系统为"Linux"，版本为"Red Hat Enterprise Linux 8 64 位"，如图 4-23 所示。

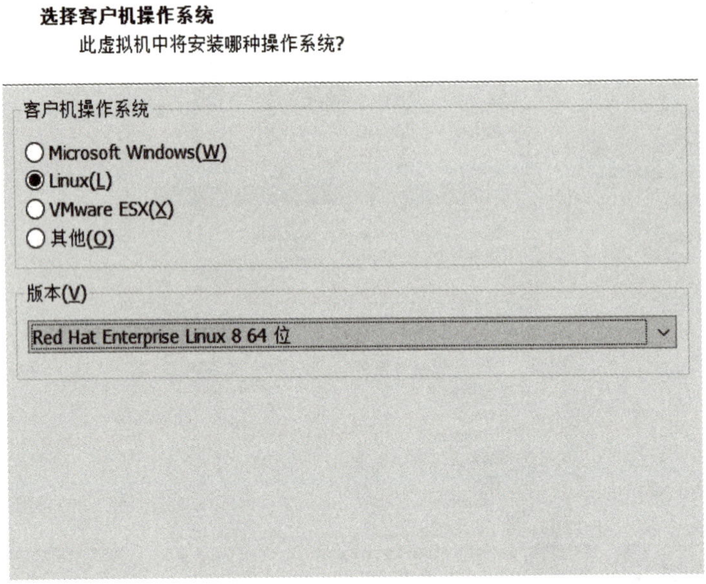

选择客户机操作系统
此虚拟机中将安装哪种操作系统？

客户机操作系统
○ Microsoft Windows(W)
◉ Linux(L)
○ VMware ESX(X)
○ 其他(O)

版本(V)
Red Hat Enterprise Linux 8 64 位 ▾

图 4-23　操作系统选择

（2）为创建的虚拟机命名并自定义存储位置，如图 4-24 所示。

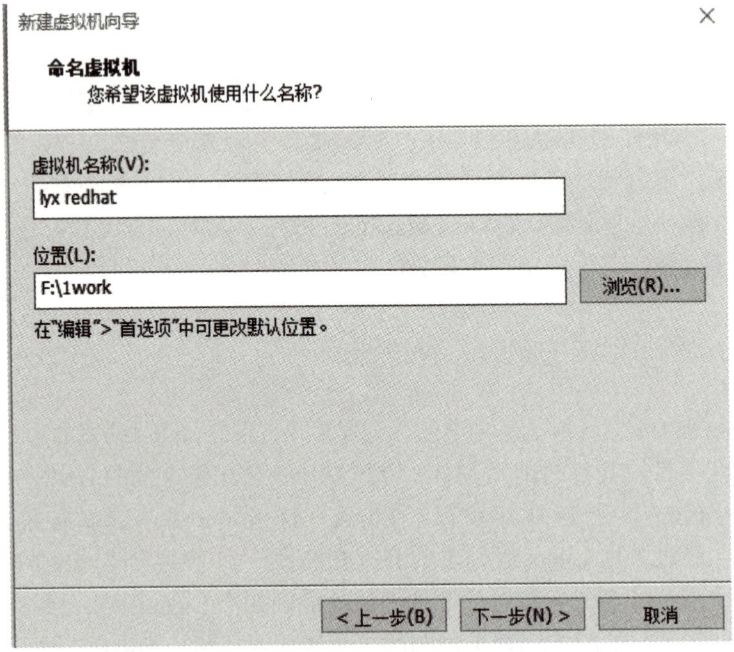

新建虚拟机向导　　　　　　　　　　　　　　　　　✕

命名虚拟机
您希望该虚拟机使用什么名称？

虚拟机名称(V)：
lyx redhat

位置(L)：
F:\1work　　　　　　　　　　　　　　　　浏览(R)...

在"编辑">"首选项"中可更改默认位置。

[< 上一步(B)]　[下一步(N) >]　[取消]

图 4-24　虚拟机命名

（3）磁盘类型选择"SCSI"，如图 4-25 所示。其余虚拟机设置按照默认选择即可，若有不合适的硬件配置，后面可以编辑调整。

选择磁盘类型

您要创建何种磁盘?

虚拟磁盘类型
○ IDE(I)
● SCSI(S)
○ SATA(A)
○ NVMe(V)　　(推荐)

图 4-25　磁盘类型选择

(4) 安装 Linux 系统。打开虚拟机前单击"CD/DVD(SATA)",单击"浏览"按钮,将 Linux 8.0 的镜像光盘导入,如图 4-26 所示。

图 4-26　虚拟光驱中加载 ISO 镜像文件

(5) 开启虚拟机,直接按回车键,选择第 1 个启动菜单,如图 4-27 所示。

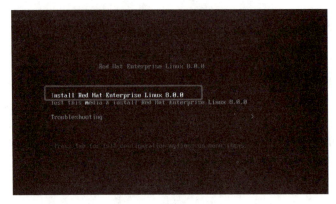

图 4-27　安装操作系统

(6) 选择语言，如图 4-28 所示。

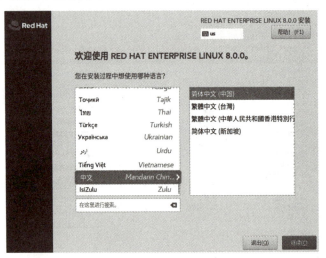

图 4-28　安装语言选择

(7) 选择磁盘，存储配置选择"自动"，如图 4-29 所示。

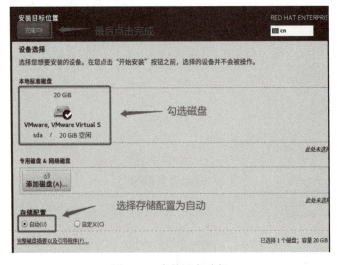

图 4-29　存储设备选择

(8) 开始安装，并创建 root 用户，设置 root 密码，如图 4-30 所示。

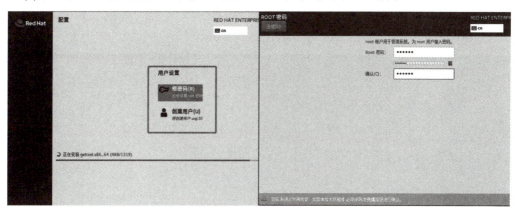

图 4-30　用户设置

(9) 创建普通用户。如果密码太简单，需要按两次"完成"按钮进行确认，如图 4-31 所示。

图 4-31　创建用户

(10) 重启后进入配置界面，勾选"我同意许可协议"后结束配置，如图 4-32 所示。

图 4-32　接受许可证

(11) 在登录界面选择用户，需要 root 登录的话，单击"未列出"，输入用户密码后，进入 Linux 欢迎界面，如图 4-33 所示；按照提示，选择下一步，完成后如图 4-34 所示，开始使用 Red Hat Enterprise Linux(简称 RHEL) 操作系统。

图 4-33　登录系统

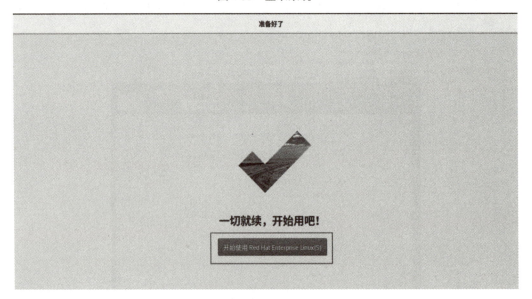

图 4-34　开始使用 RHEL 系统

(12) 分别使用如下命令查看磁盘分区、内核版本和系统信息，结果如图 4-35 和图 4-36 所示。

① 查看磁盘分区：fdisk-l。

② 查看 Linux 内核版本的命令：uname -r 或 uname -a。

③ 查看文件系统的磁盘空间大小和剩余空间大小的命令：df。

④ 显示系统已经运行了多长时间的命令：uptime。

⑤ 查看当前系统内存的使用情况的命令：free。

⑥ 查看登录用户信息的命令：w [用户名]。

⑦ 显示月历或年历的命令：cal。

⑧ 显示或设置当前日期和时间的命令：date。

⑨ 查看登录日志信息的命令：last。

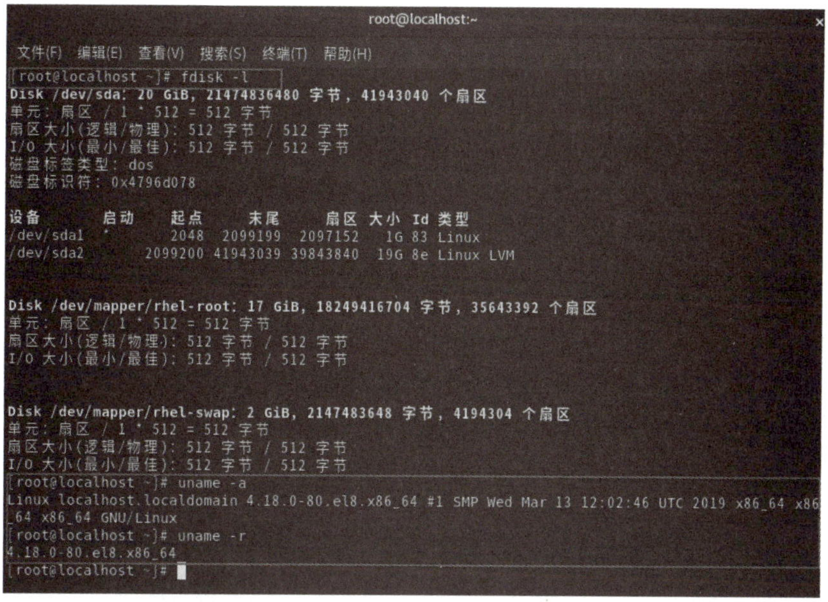

图 4-35　查看磁盘分区和内核版本信息

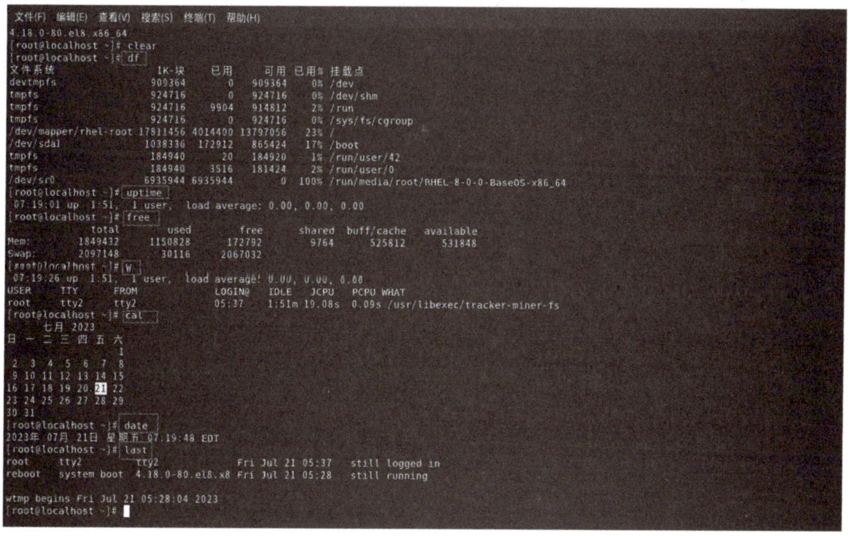

图 4-36　查看系统信息

4.2.4　国产统信 UOS 的安装与配置

1. 国产统信 UOS 的安装

国产统信 UOS 是一款基于 Linux 的操作系统，以深度操作系统为基础，经过定制的产品。UOS 拥有家庭版、专业版、服务器版 3 个版本，该操作系统具有高度的自主可控性、安全性和可靠性。越来越多的用户开始学习和使用该系统。常见的安装方式有 3 种：

(1) 在虚拟机中安装。

统信 UOS 的安装

(2) 在物理机上安装。物理机安装与虚拟机安装大致相同，不同之处在于物理机需要用到安装介质，并引导物理机使用安装介质。

(3) 在已有系统（如 Windows 10）的设备上安装。

下面以统信 UOS 家庭版在虚拟机中的安装为例，介绍具体安装步骤。

(1) 在 VMware WorkStation 软件的导航栏中，新建虚拟机，方法同 4.2.1 中虚拟机的建立，这里不再描述。

(2) 在安装客户机操作系统页面中，首先选择"安装程序光盘映像文件 (iso)"，然后单击"浏览"以加载 UOS 系统的映像文件（通常为 *.iso 格式），如图 4-37 所示。

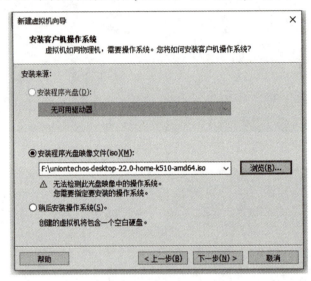

图 4-37　选择安装程序 ISO 映像文件

(3) 在选择客户机操作系统界面中，首先选择"Linux"，然后将版本设置为"Debian 10.x 64 位"，如图 4-38 所示。

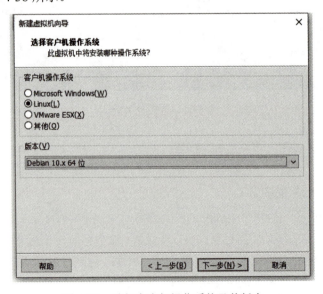

图 4-38　选择客户机操作系统及其版本

(4) 在指定磁盘容量页面中，将"最大磁盘大小 (GB)"设置为 100 GB，并选择"将虚拟磁盘存储为单个文件"，如图 4-39 所示。

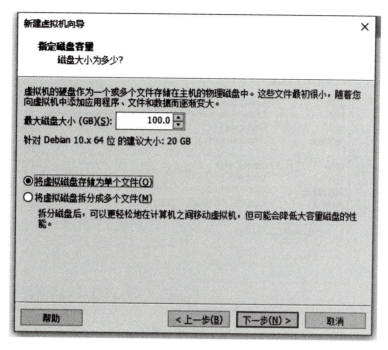

图 4-39　设置磁盘大小

(5) 在命名虚拟机页面中，可根据个人需要，编辑"虚拟机名称"和"位置"选项；如果不需要，则保持默认即可，如图 4-40 所示。

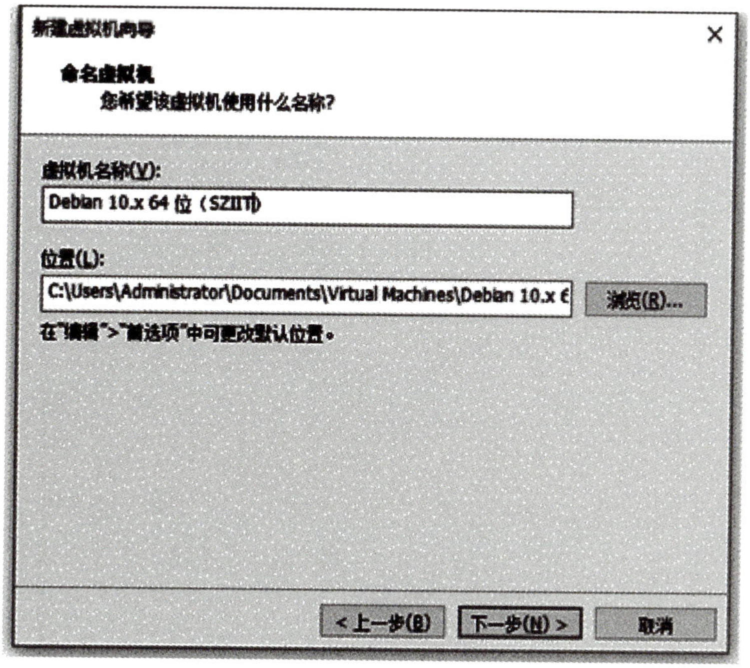

图 4-40　命名虚拟机

(6) 在"已准备好创建虚拟机"页面中，单击"自定义硬件"，更改硬件配置参数，如图 4-41 所示。

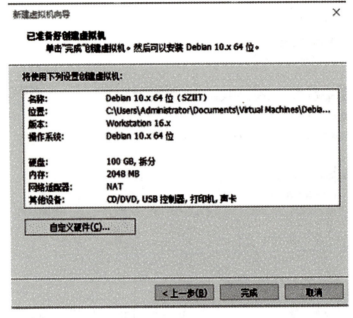

图 4-41　自定义硬件

(7) 在硬件页面的"内存"选项中，将"此虚拟机的内存"设置成 8192 MB，如图 4-42 所示。

图 4-42　设置内存

(8) 在硬件页面的"处理器"选项中，将每个处理器的内核数量设置为 2，并启用"虚拟化 Intel VT-x/EPT 或 AMD-V/RVI"选项，如图 4-43 所示。

图 4-43　设置处理器

(9) 在硬件页面的"显示器"选项中，启用"加速 3D 图形"选项，并将图形内存可用的最大客户机内存量设置为大于 256 MB，本文设置为 8 GB，如图 4-44 所示。

图 4-44　显示器的设置

（10）设置完成后，单击硬件页面的"关闭"按钮。此时会回到"已准备好创建虚拟机"页面，检查配置信息，确认无误后单击"完成"按钮，然后单击"开启此虚拟机"，开始安装。

（11）稍等片刻，待显示"统信 UOS 一键安装系统 简洁操作"的界面后，便进入安装程序，单击"自定义安装"，如图 4-45 所示。

图 4-45　选择"自定义安装"

（12）在硬盘分区页面中，首先单击"全盘安装"，然后单击下方的磁盘图标，确认无误后单击"下一步"，如图 4-46 所示。

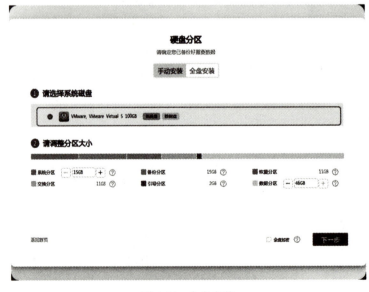

图 4-46　全盘安装

（13）在"准备安装"页面，安装程序会提示"全盘安装将删除电脑所有数据"，这里单击"继续"出现"正在安装"页面，稍等片刻，当显示"恭喜您，安装完成"时，表明系统已安装完成；单击"立即重启"，体验 UOS 操作系统，如图 4-47 所示。

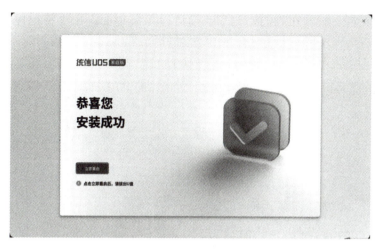

图 4-47　安装成功后立即重启

(14) 初次启动 UOS 系统，会进入"为了电脑安全 请输入电脑登录密码"页面，此时，根据个人需要，依次输入用户名和密码 (注意：密码不能包含用户名)，确认无误后，单击"确认"，如图 4-48 所示。

图 4-48　设置账号密码

(15) 待系统自动优化配置完成后，便会显示登录界面，如图 4-49 所示。

图 4-49　系统登录界面

(16) 在登录界面输入正确的密码后，便进入系统桌面。由于使用虚拟机运行统信 UOS 系统，在初次进入系统桌面时会弹出"友情提示"，此时可根据系统建议，选择"普通模式"，之后便进入系统桌面，开始体验统信 UOS，如图 4-50 所示。

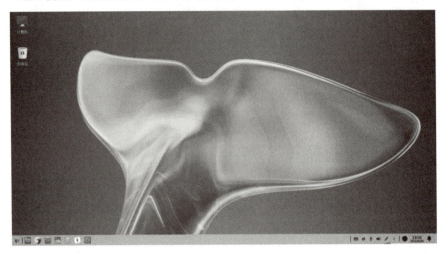

图 4-50　系统桌面

2. 安全中心的配置

安全中心是统信 UOS 预装的安全辅助应用，主要包括系统体检、病毒查杀、防火墙、自启动管理以及系统安全等功能，可以全面提升系统的安全性。下面我们打开安全中心这款安全辅助软件，了解其设置。

统信 UOS 的
安全中心

1) 系统体检

单击屏幕左下角的启动器按钮，进入启动器界面，通过上下滚动鼠标轮浏览或者通过搜索找到安全中心，单击打开安全中心。进入安全中心首页，单击"立即体检"即可进行系统体检，如图 4-51 所示。图 4-52 为系统体检结果，可根据提示前往优化，提升系统性能。

图 4-51　安全中心首页

图 4-52　系统体检界面

2) 病毒查杀

在安全中心主界面中，选择左侧导航栏的病毒查杀，在病毒查杀界面根据需求选择病毒扫描方式，扫描方式包括全盘扫描、快速扫描和自定义扫描，如图 4-53 所示。

图 4-53　病毒查杀界面

根据扫描结果，可以对每个风险项单独操作，也可以选择批量操作，有以下几个操作项：

(1) 修复：单击修复按钮后，风险项被修复，下次扫描不会被判定为异常。

(2) 隔离：单击隔离按钮后，风险项被隔离，隔离后不会影响其他文件，下次扫描不会被判定为异常，可在隔离区查看。

(3) 信任：单击信任按钮后，风险项被信任，下次扫描不会被判定为异常，可在信任区查看。

如图 4-53 所示，在该界面不仅可以看到 3 种扫描模式，而且还可以在左下角单击查看查杀日志、隔离区、信任区。

(1) 查杀日志：可查看每次病毒扫描的时间、扫描类型及结果，且可查看日志详情，还可以选择删除日志。

(2) 隔离区：可查看隔离文件列表，还可以选择将文件移出隔离区。

(3) 信任区：可查看信任文件列表，还可以选择将文件移出信任区。

3) 防火墙

在安全中心主界面，选择左侧导航栏的防火墙，可以开启或关闭防火墙，如图 4-54 所示。

图 4-54　防火墙设置

4) 垃圾清理

在垃圾清理界面，可清理磁盘垃圾，释放电脑空间，如图 4-55 所示。

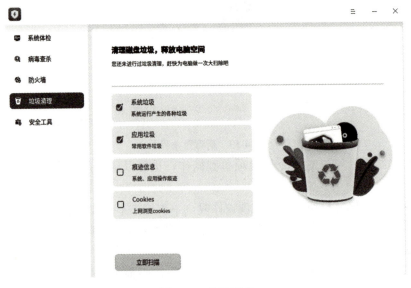

图 4-55　垃圾清理

5) 安全工具

打开安全中心，在左侧导航栏中选择安全工具，该界面包括系统工具、网络工具和设备安全 3 个方面选项设置。

(1) 系统工具包括登录安全、自启动应用和可信保护 3 项设置工具。

① 登录安全：可以查看密码安全等级，如果密码等级低，可以单击"前往设置"修改密码，还可以设置密码到期提醒时间，定期更换密码，如图 4-56 所示。

图 4-56　登录安全设置界面

② 自启动应用。该页面仅显示自启动应用，包括应用名称、自启动状态和操作按钮。对每个应用可选择允许或禁止开机自启动，如图 4-57 所示。

图 4-57　开机自启动应用设置界面

③ 可信保护：系统核心组件的完整保护设置。开启后若完整性被破坏，将执行对应的保护策略。单击"添加"后，可以选择相应的文件，如图 4-58 所示。

图 4-58　可信保护设置界面

(2) 网络工具包括联网控制和流量监控 2 项设置工具。

① 联网控制：对每个应用可选择允许或禁止联网控制，如图 4-59 所示。

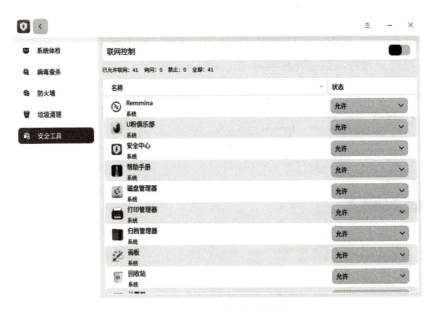

图 4-59　应用联网控制设置

② 流量监控：该页面包含当前联网和流量排名 2 项功能展示。

当前联网：展示所有启动中的应用及每个应用的下行网速、上行网速和管控，如图 4-60 所示。

图 4-60　当前联网展示界面

　　流量排名：可以查看所有启动器里的应用流量排名，包括上行流量、下行流量、总流量、流量时间分布详情，如图 4-61 所示。

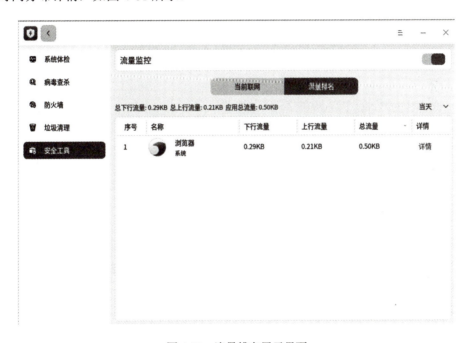

图 4-61　流量排名展示界面

　　(3) USB 安全：可以查看带存储功能的 USB 设备连接计算机的记录，将常用的 USB 设备添加到白名单，设置只允许白名单中的设备连接计算机，可防止计算机数据泄露，如图 4-62 所示。

图 4-62　USB 设备白名单

任务 4.3　实战演练：Windows 操作系统的安全管理

4.3.1　Windows 操作系统的备份与还原

Windows 操作系统
备份与还原

1. 训练目的

(1) 掌握 Windows 系统备份方法。

(2) 系统出问题后能直接还原。

2. 训练内容

在操作系统和驱动程序安装完成后，对系统进行备份。这样，当系统运行缓慢或者不能清除病毒时，就能及时恢复到备份时的系统状态，从而可以免去安装操作系统与驱动程序的烦琐步骤。

本训练练习系统备份及系统还原操作。

3. 具体过程

1) 系统备份

(1) 打开"控制面板"，在"系统和安全"选项中找到"备份和还原 (Windows 7)"，如图 4-63 所示。

图 4-63　在控制面板中找到"备份和还原"工具

(2) 单击右侧的"设置备份"按钮，如图 4-64 所示。

图 4-64　设置备份

(3) 选择备份文件保存的位置，可以是本机电脑磁盘，也可以是 U 盘等设备，如图 4-65 所示。

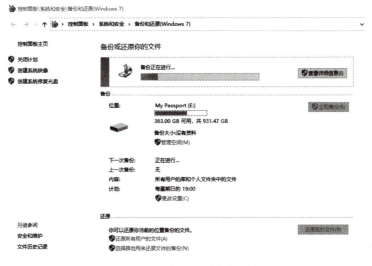

图 4-65　选择备份文件保存的位置

（4）选择需要备份的内容，这里选择让 Windows 给我们推荐即可，单击"下一步"继续。后面耐心等待系统备份完成，出现如图 4-66 所示的界面即备份完成。

图 4-66　备份完成

2）还原 Windows 系统备份

（1）打开"控制面板"，单击"系统和安全"中的"备份和还原（Windows7）"，进入如图 4-67 所示的备份和还原界面，单击"还原我的文件"。

图 4-67　还原界面

（2）单击右侧的"浏览文件夹"按钮，选择自己做的 C 盘备份，然后单击"添加文件夹"，最后还原，如图 4-68 所示。

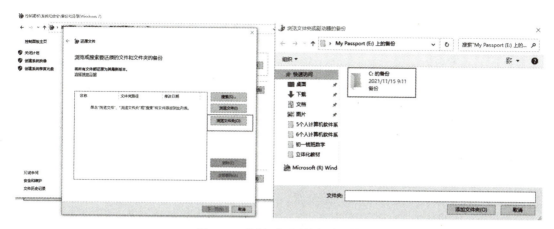

图 4-68　选择要还原的备份文件

(3) 选择将文件还原的位置，如图 4-69 所示。

图 4-69　选择文件还原的位置

4. 任务总结

上面我们采用的是 Windows 自带的管理工具进行系统的备份与还原，当然也可以使用第三方还原软件，这时需要安装和启动还原软件，并根据其指示选择相应操作。

备份和还原 Windows 操作系统是保障计算机数据安全和系统可靠性的重要措施。定期备份并测试备份文件的恢复性能，可以确保操作系统和数据的安全性和灵活性。

4.3.2　清除 Windows 登录密码

1. 训练目的

(1) 学会制作 U 盘启动盘。

(2) 学会通过 BIOS 的设置更改启动顺序。

(3) 掌握在 WinPE 中清除 Windows 登录密码的方法。

2. 训练内容

Windows 操作系统的密码在维护计算机的安全使用上具有重要的作用，然而当一台计算机被人恶意修改密码，或者由于长时间没有使用该计算机而忘记密码时，按照以下步骤可以轻松清除 Windows 的登录密码，并可重新设定密码。

本训练练习 Windows 登录密码的清除操作。

3. 具体过程

1) 以 U 大师为例，制作 U 盘启动盘

(1) 运行"U 大师 -U 盘启动制作工具 .exe"文件，选择对应的 U 盘作为启动盘，单击"一键制作 USB 启动盘"，如图 4-70 所示。

清除 Windows
登录密码

(2) 弹出如图 4-71 所示的提示框，提示将 U 盘上的重要数据备份，若 U 盘有重要数据的可以先单独备份，避免数据丢失，若已经备份则单击"确定"开始制作 U 盘启动盘。

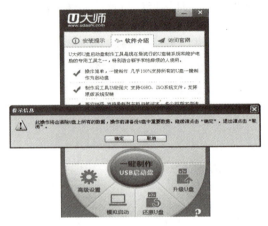

图 4-70　运行 U 大师 -U 盘启动制作工具　　　　图 4-71　U 盘启动制作提示框

(3) U 盘启动盘制作过程如图 4-72 所示，首先格式化 U 盘，然后写入数据。

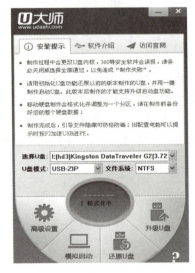

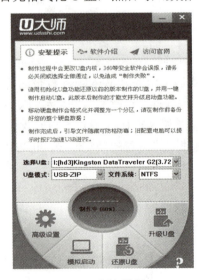

(a) 格式化 U 盘　　　　　　　　　(b) 写入数据

图 4-72　U 盘启动盘制作过程

(4) U 盘启动盘制作完成后，剩下的 U 盘空间可以像普通 U 盘那样使用，不用担心失去启动功能。

2) 设置 U 盘为第一启动顺序

下面以 PhoenixBIOS 为例，介绍在 BIOS 中设置 U 盘启动的方法。

(1) 在开机时不停地按键盘上的"F2"键，进入 BIOS 设置界面，按键盘的方向键选择"Boot"，出现如图 4-73 所示的画面。

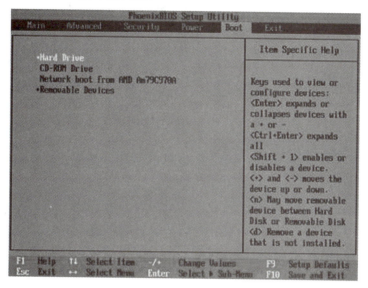

图 4-73　进入"Boot"界面

(2) 在"Boot"界面，检查第一启动设备的配置，默认情况下是以硬盘启动的，然后通过按键盘的"+"和"－"进行移动，将"Removable Devices"设置为第一启动设备，如图 4-74 所示。设置完毕后，按键盘方向键进入"Exit"界面，保存配置，如图 4-75 所示。保存之后会自动重启电脑。

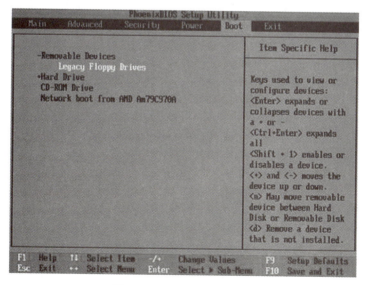

图 4-74　设置第一启动设备

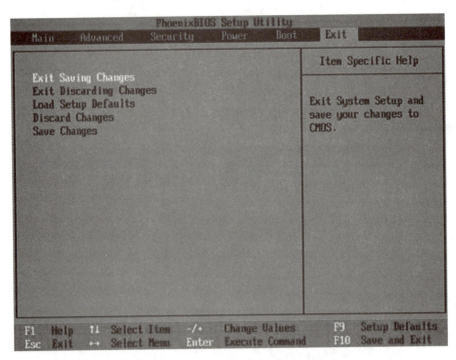

图 4-75　进入 "Exit" 界面保存配置

3) 运行 U 大师启动盘，清除 Windows 登录密码

具体步骤如下：

(1) 在如图 4-76 所示的主界面中选择【10】，出现如图 4-77 所示的界面，清除原系统登录密码选择【01】。

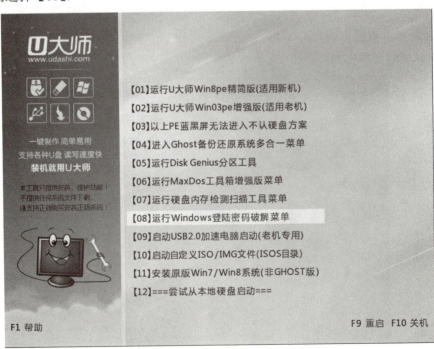

图 4-76　U 大师的主界面

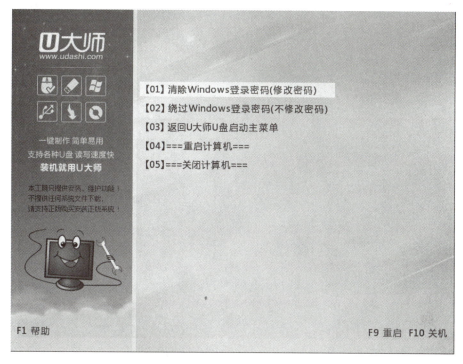

图 4-77 选择"清除 Windows 登录密码"

(2) 输入数字【2】，如图 4-78 所示，搜索存在 SAM(Security Account Manager，安全账号管理) 文件的所有硬盘和分区，搜索到结果后，出现如图 4-79 所示的界面，根据自身情况选择并按 Enter 键。

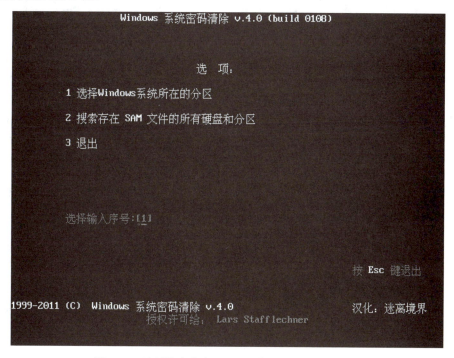

图 4-78 选择搜索存在 SAM 文件的所有硬盘和分区

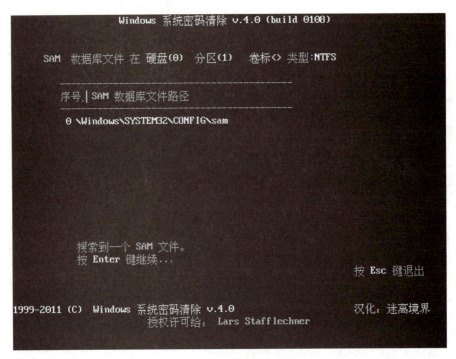

图 4-79　选择密码文件

(3) 选择设置了密码的账户，按 Enter 键，如图 4-80 所示；根据自身情况按空格键更改属性，如图 4-81 所示，这里采用默认的配置即清除此用户的密码，按下"Y"键保存退出即可。

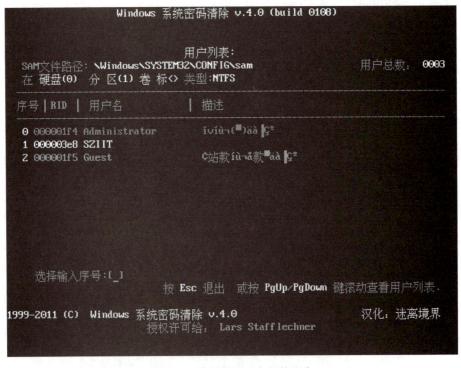

图 4-80　选择设置了密码的账户

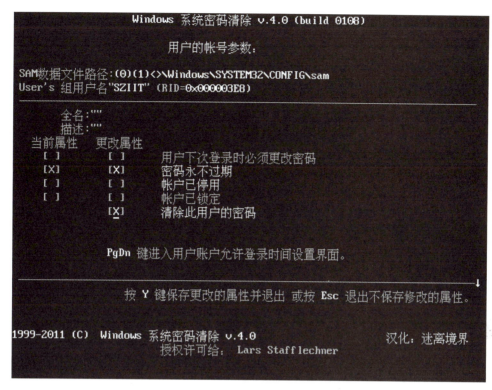

图 4-81　保存属性并退出

(4) 重启电脑，发现不用输入密码也可以进入系统了。

4. 任务总结

在清除操作系统的登录密码时，务必遵循道德和法律标准，并仅在合法测试环境中实施。不要尝试非法入侵他人的计算机系统，并且要确保你已经获得了所有必要的授权和权限。

为防止 U 盘清除 Windows 密码，我们只要给 BIOS 设置个密码，就可以防止 U 盘被设置成为第一启动项，其他人就不能对 BIOS 的设置进行修改，也就无法设置从 U 盘启动，从而间接地防止让 U 盘启动清除 Windows 密码。

科技的发展是把双刃剑，它可以帮我们解决问题，同时离不开道德和法律的约束。我们应该遵循道德和法律，不做任何损害他人合法权益的事情。

总之，保护密码安全和信息安全是我们每个人的责任，我们应该尊重道德和法律，遵循安全意识和技巧，保障网络和信息安全，为构建一个安全、和谐的信息环境做出贡献。

4.3.3　Windows 终端安全设置

1. 训练目的

(1) 了解 Windows 终端的合规安全设置。

(2) 了解安全账户策略的设置方法。

(3) 熟悉访问控制策略组的设置方法。

(4) 了解安全审计策略组的检测方法。

(5) 掌握剩余信息保护策略组的设置方法。

(6) 掌握入侵防范检测的设置方法。

2. 训练内容

Windows 终端安全设置是为了确保计算机终端在安全性和合规性方面符合相关标准和要求。本训练从以下 5 个方面来练习 Windows 终端的安全设置：

(1) 安全的账户策略。

(2) 访问控制策略。

(3) 安全的审核策略。

(4) 历史信息保护策略。

(5) 入侵防范检测。

3. 具体过程

1) 安全的账户策略设置

(1) 进入"控制面板"→"系统和安全"→"管理工具"→"本地安全策略"，如图 4-82 所示。

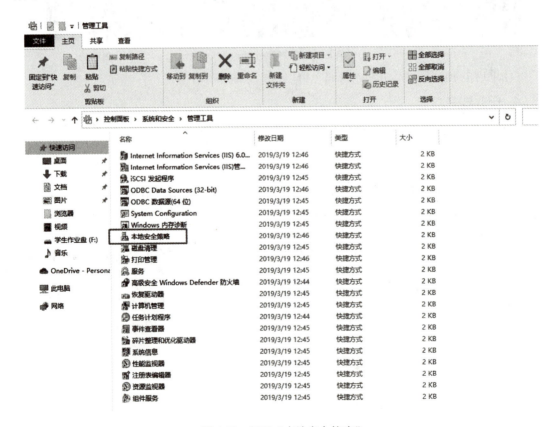

图 4-82　打开"本地安全策略"

(2) 在"账户策略"→"密码策略"中，进行如图 4-83 所示的设置：

• 密码必须符合复杂性要求：已启用；

- 密码长度最小值: 8 个字符;
- 密码最短使用期限: 10 天;
- 密码最长使用期限: 100 天;
- 强制密码历史: 24 个记住的密码;
- 用可还原的加密来储存密码: 已禁用。

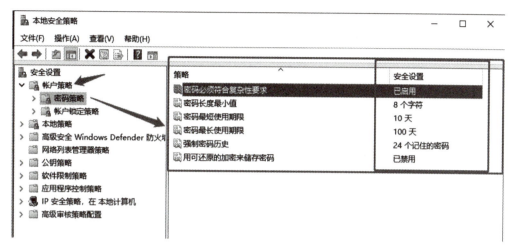

图 4-83　密码策略设置

(3) 在"账户策略"→"账户锁定策略"中，进行如图 4-84 所示的设置:

- 账户锁定时间: 30 分钟;
- 账户锁定阈值: 90 次无效登录，可根据情况修改次数;
- 重置账户锁定计数器: 30 分钟之后。

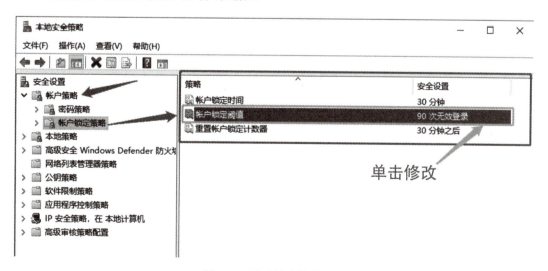

图 4-84　账户锁定策略设置

(4) 自动登录加固方案: 按"Windows"+"R"键，输入"control userpasswords2"，在"用户账户"中，选择自动登录的账户，单击"要使用本计算机，用户必须输入用户名和密码"，并按 Ctrl+Alt+Del 重新设置新密码，如图 4-85 所示。

图 4-85　自动登录加固方案设置

2) 访问控制策略设置

(1) 进入"控制面板"→"系统和安全"→"管理工具"→"计算机管理"，如图 4-86 所示。

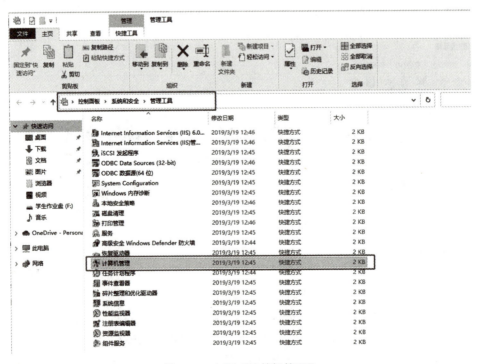

图 4-86　打开"计算机管理"

（2）在"本地用户和组"→"用户"中进行如下设置，如图4-87所示：

· 若账户密码为空，通过右键→设置密码，给账户添加密码；

· 双击"Guest"→选择账户已禁用：为防止黑客和病毒攻击，一般情况下不推荐使用Guest账户；

· 删除隐藏账户：隐藏账户为在控制面板与开机选择中看不见的账户，但它可以通过输入账号密码的方式进入，可以将其直接删除。

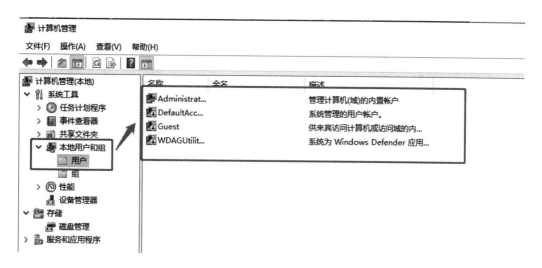

图4-87　用户访问设置

（3）在"共享文件夹"→"共享"中，设置共享权限或者删除共享，如图4-88所示。

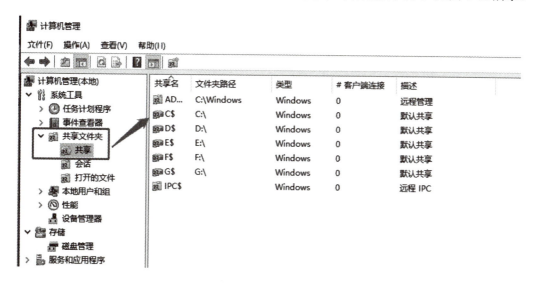

图4-88　共享权限设置

3）安全的审核策略设置

（1）进入"控制面板"→"系统和安全"→"管理工具"→"本地安全策略"→"审核策略"，如图4-89所示。

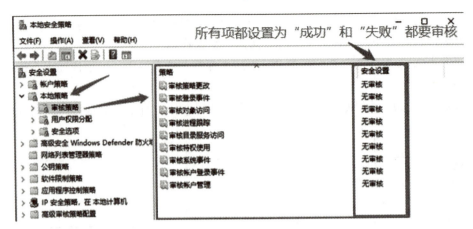

图 4-89　审核策略设置界面

(2) 将所有项都设置为"成功"和"失败"都要审核，如图 4-90 所示。加固后的审核策略如图 4-91 所示。

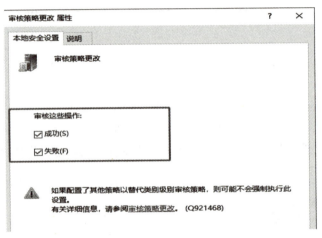

图 4-90　审核策略更改

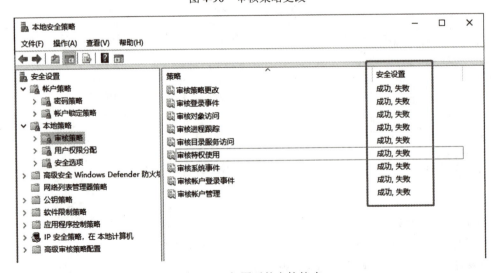

图 4-91　加固后的审核策略

4) 历史信息保护策略设置

(1) 进入"控制面板"→"系统和安全"→"管理工具"→"本地安全策略"→"安全选项",如图 4-92 所示。双击"关机:清除虚拟内存页面文件",修改其状态为"已启用"。

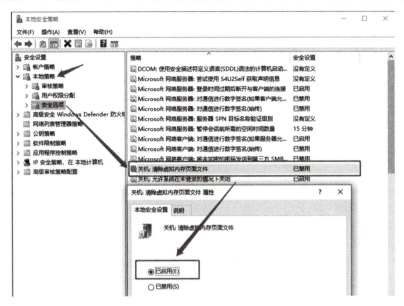

图 4-92　启用"关机:清除虚拟内存页面文件"属性

(2) 在"本地策略"→"安全选项"中,单击"交互式登录:不显示上次登录",修改其状态为"已启用",如图 4-93 所示。

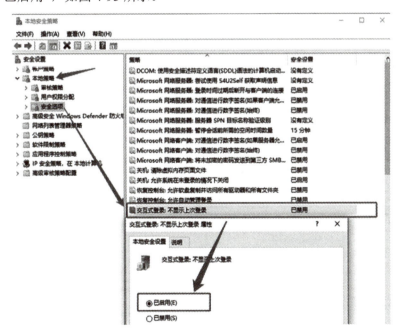

图 4-93　启用"交互式登录:不显示上次登录"属性

5) 入侵防范检测设置

(1) 打开"控制面板"→"Windows Defender 防火墙",如图 4-94 所示。在"启用

或关闭 Windows Defender 防火墙"中，将"专用网络设置"和"公用网络设置"都开启
Windows 防火墙，如图 4-95 所示。

图 4-94　打开 Windows Defender 防火墙设置界面

图 4-95　启用 Windows Defender 防火墙

(2) 检查防火墙服务是否开启。进入"控制面板"→"管理工具"→"服务"，找到
"Windows Defender Firewall"，查看其属性，检查服务是否开启，如图 4-96 所示。

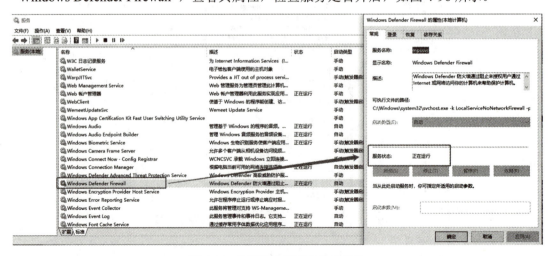

图 4-96　检查防火墙服务是否开启

（3）检查 Windows 自动更新服务是否开启。找到"Windows Update"，查看其属性，检查服务是否开启，如图 4-97 所示。

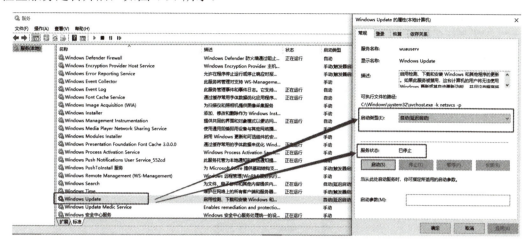

图 4-97　检查 Windows 自动更新服务是否开启

（4）设置"Windows 自动更新"服务，按"Windows"＋"R"键，输入"gpedit.msc"，打开组策略编辑器后，依次单击"计算机配置"→"管理模板"→"Windows 组件"→"Windows 更新"→双击"配置自动更新"→勾选"已启用"→选择"4-自动下载并计划安装"→设置计划安装日期和安装时间，如图 4-98 所示。在 Windows 10 及后续版本的系统中，已默认开启自动更新。

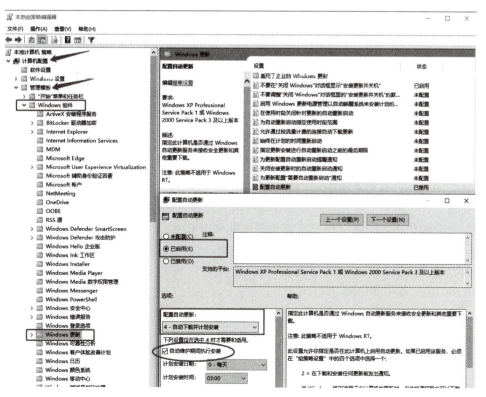

图 4-98　启用"Windows 自动更新"服务

（5）关闭不必要的服务。进入"控制面板"→"管理工具"→"服务"，双击"Microsoft FTP Service"服务，将服务状态改为"已停止"，如图 4-99 所示。

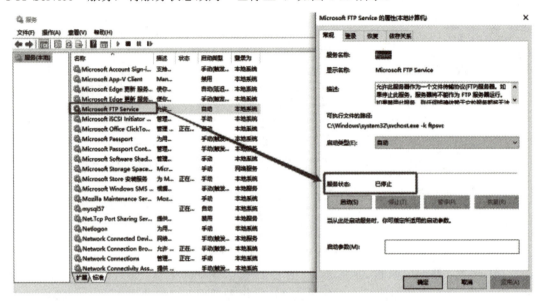

图 4-99　关闭 FTP 服务

4. 任务总结

在配置 Windows 终端的安全设置时，我们通过更新操作系统，确保 Windows 系统及其组件都是最新版本；启用防火墙，加固系统；完善强密码策略，确保所有用户账号都使用强密码；配置访问控制策略，加强终端身份验证，以提高登录安全性。另外，还可以根据需要，关闭不必要的服务和开放的端口，减少受攻击面。

Windows 终端安全配置对于保护数据、预防攻击、防范未经授权访问以及遵守合规性要求至关重要。无论是个人用户还是企业组织，都应该重视和实施终端安全措施来确保系统和数据的安全。

◎ 项目总结

操作系统是计算机系统中一个非常重要的组成部分，它负责管理计算机内部和外部的各种资源，并提供一个友好和高效的使用环境。操作系统的配置和管理是计算机管理中一项非常重要的任务，能够有效提高系统的性能和可靠性，以及保护系统及其数据的安全。通过本单元的学习，我们能够熟练应用系统工具，做好系统安装、备份和还原并掌握硬盘分区的方法。

◎ 习题

1. 简述操作系统的作用。

2. 假设你需要安装一个新的操作系统（如 Windows 10），试列出所有你需要考虑的步骤和事项。

3. 列举一些常见的系统维护任务的步骤，例如磁盘清理、碎片整理和备份。

项目 5　本固邦宁——笔记本电脑的配置与维护

知识目标

1. 了解笔记本电脑的基本组成；
2. 掌握笔记本电脑的维护技巧。

能力目标

1. 能够做好笔记本电脑外壳、屏幕与键盘的维护；
2. 能够做好笔记本电脑硬件的升级。

素养目标

1. 了解国产笔记本电脑的发展，重视关键技术的国产化；
2. 坚定理想信念，注重信息技术的应用创新。

学习情境

　　小王是一公司的实习生，最近有几个重要的文件需要他马上完成提交。可他却在使用笔记本电脑的过程中感觉系统无故变慢，运行程序打开速度较慢、噪声变大、温度较高，让他无比烦恼的是偶尔会出现电脑突然黑屏死机的现象。很明显他的电脑有"生病"的迹象，小王后悔平时没有照顾好电脑，关键时刻出问题了。电脑的日常维护非常重要，与其等着电脑崩溃再去维修或者直接淘汰，不如多花点时间在维护和保养上。

　　随着笔记本电脑普及程度的提高，笔记本电脑的故障现象也在逐步增加。许多用户对笔记本电脑并不太了解，在购买笔记本电脑后，没有做好维护和保养，造成笔记本电脑的寿命缩短。其实，我们可以通过有效的维护和保养，减少电子垃圾的产生，延长笔记本电脑的寿命。笔记本电脑的维护和保养与台式机相似，主要分为硬件维护和软件维护两大部分。本项目针对笔记本电脑的特点，介绍笔记本电脑硬件部分日常维护和保养的经验。

任务 5.1　认识笔记本电脑的整机结构

笔记本电脑硬件包括外壳、显示屏、键盘、硬盘等部分，通常设计为翻盖式。

5.1.1　笔记本电脑的外壳

外壳是笔记本电脑最主要的结构，外壳除了美观外，相对于台式计算机更能起到保护内部器件的作用。目前较为流行的外壳材料有工程塑料、镁铝合金和碳纤维复合材料（碳纤维复合塑料）。其中碳纤维复合材料的外壳兼有工程塑料的低密度、高延展性及镁铝合金的刚度与屏蔽性，是较为优秀的外壳材料。一般硬件供应商所标示的外壳材料是指笔记本电脑的上表面材料，托手部分及底部一般使用工程塑料。一般来说选材根据产品定位及结构强度来确定，中高端机身以金属为主，内部用塑料降低重量及成本；低端机机身以塑料为主，内部用金属作为骨架增强结构强度。

通常用 A、B、C、D 来代表笔记本的四面，分别是顶盖 (A)、屏幕和边框所在的区域 (B)、键盘区 (C) 和底盖 (D)，如图 5-1 所示。对于笔记本电脑而言，最需要保护的部件就是脆弱的屏幕 (LCD 面板)，而 LCD 通常被 A、B 两面紧紧包裹，所以 A、B 面结构厚实及其选材就显得至关重要了。

笔记本电脑的
整机结构

图 5-1　笔记本电脑的 A、B、C、D 四面

5.1.2　笔记本电脑的硬件组成

打开笔记本电脑后可以看到显示屏、键盘、状态指示灯、触摸板、电源开关键等部件。目前笔记本电脑底部多采用可以拆卸的护盖，为的是方便零部件的拆卸和更换，如 CPU

护盖、内存护盖、硬盘护盖、散热装置护盖、无线网卡护盖等。下面介绍笔记本电脑的主要硬件组成。

1. CPU

CPU 作为笔记本电脑硬件的核心设备，其重要性好比心脏对于人一样。CPU 的型号往往决定了一台电脑的档次。它们的性能指标主要包括核心数、主频、缓存等。现在主流的 CPU 有 Intel(英特尔) 的酷睿系列和 AMD 的羿龙系列等。

2. 硬盘

笔记本电脑硬盘是专为笔记本电脑这样的移动设备而设计的，具有体积小、功耗低、防震能力强等特点。传统的机械硬盘已经被更加高速的固态硬盘所取代，因为固态硬盘的读写速度更快，响应更迅速。固态硬盘相对于机械硬盘也更加耐用，其容量已经达到数太字节 (TB)，逐渐成为主流选择。

3. 内存

内存是决定系统性能的关键设备之一，具有读写速度快、断电时会丢失其存储的所有内容的特点。它就像一个临时的仓库，负责数据的中转和暂存，所有硬盘、光盘、U 盘等外部存储器上的数据均是通过内存与 CPU 进行数据交换的。作为计算机的重要组成硬件之一，内存容量若不足将导致计算机运行缓慢、程序闪退甚至死机。常见的内存类型包括 DDR3 和 DDR4，内存的容量可以达到数吉字节 (GB) 甚至数十吉字节。

4. 显卡

显卡作为计算机的重要组成部分，承担显示图形的计算和输出任务，在玩游戏、绘图、视频后期制作中可起到极其重要的作用。显卡分为核心显卡 (有时也称集成显卡，简称核显) 和独立显卡，前者指的是 CPU 内部自带的显卡，而后者指的是独立于 CPU 之外的显卡。常见的显卡厂商有 AMD 和 NVIDIA。通常米说，只带有核显的笔记本电脑是无法运行大型游戏和专业 3D 应用软件的，但与之相对的好处是它的功耗和发热也比较低。因此，如果你不是大型游戏玩家，也不使用专业 3D 应用软件，可以考虑只带有核显的笔记本。

5. 显示屏

笔记本电脑的显示屏决定了用户体验和使用感受。常用的显示器技术包括液晶显示器和 OLED(有机发光二极管) 显示器，它们的特征参数包括分辨率、HDR(High Dynamic Range，高动态光照渲染)、刷新率、屏幕亮度等。笔记本电脑的屏幕形状多种多样，有矩形、平板、曲线和对称等多种形式。

6. 主板

主板是连接和控制 PC 各硬件的桥梁，相对于台式机方方正正的主板而言，笔记本内部空间较小，主板的形状为了适应不同的布局也各不相同。笔记本电脑主板是笔记本电脑上的核心配件，不同机型的机器用的主板也有所不同，甚至是同一个型号的机器也有可能有些区别，比如上面的接口多一个或者少一个，导致不同机器之间很难兼容。笔记本电脑主板的厂家有很多，品牌也有很多，一般制造笔记本电脑的厂商都拥有自己的主板及其系列。

7. 触控板

触控板 (Touchpad) 一般位于键盘下面，用来控制鼠标移动和点击，大部分的笔记本电脑都会配有触控板。触控板的材质一般是金属、塑料或玻璃等。

8. 轨迹球

轨迹球 (Trackball) 类似于鼠标，是一种用手控制光标移动的设备。轨迹球主要出现在一些特殊场合，如工程师和建筑师使用的笔记本电脑或专业绘图软件工具。

笔记本电脑的整体设计非常紧凑，它将液晶显示屏、键盘、触摸板以及主机部分全部集成在一起。图 5-2 为 ThinkPad X13 笔记本电脑的结构示意图。

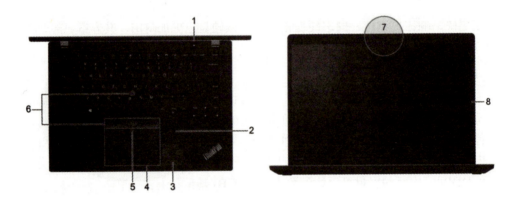

图 5-2　ThinkPad X13 笔记本电脑正面视图

ThinkPad X13 笔记本电脑正面各部件的名称和功能如表 5-1 所示。

表 5-1　ThinkPad X13 笔记本电脑正面各部件的名称和功能

名　称	功　能
1—电源按钮	按电源按钮可以打开计算机电源或者进入/退出电源管理模式
2—指纹读取器	通过注册的指纹登录计算机
3—NFC 标签	可与另一台支持 NFC 的设备共享信息
4—触摸板	可执行手指触摸及传统鼠标的功能
5—触摸板按钮/定点杆按钮	可执行传统鼠标左键与右键的功能
6—TrackPoint 定点杆	可执行传统鼠标的功能
7—多功能摄像头/麦克风/指示灯	传输视频/音频的指示灯
8—屏幕	显示

从整体上看，ThinkPad X13 笔记本电脑的键盘、触摸板以及电源开关和状态指示灯都位于主机的表壳，LCD 和主机部分采用翻盖式设计，使得整个电脑好像一本书一样可以随意"展开"和"闭合"。

在 ThinkPad X13 笔记本电脑的左右两侧是各种扩展接口，如图 5-3 所示。

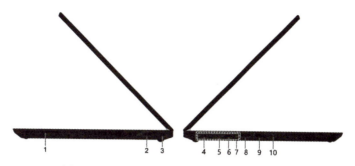

图 5-3　ThinkPad X13 笔记本电脑的扩展接口

ThinkPad X13 笔记本电脑侧面接口的名称和功能如表 5-2 所示。

表 5-2　ThinkPad X13 笔记本电脑侧面接口的名称和功能

名　称	功　能
1—智能卡插槽	使用智能卡进行认证、数据存储和应用程序处理
2—USB-A 接口	支持 Always On 功能，当计算机开启/关闭/睡眠时可为外部设备充电
3—安全锁插槽	可使用适配的安全钢缆锁将计算机锁在书桌、工作台或其他固定物上
4—USB-C 接口	支持为外部设备充电，以 USB 3.2 的速度进行数据传输，连接外接显示屏
5—USB-C 接口	支持为外部设备充电，以 Thunderbolt 3 的速度进行数据传输，连接外接显示屏
6—以太网扩展 Gen 2 接口	可使用 ThinkPad Ethernet Extension Adapter Gen 2 通过此接口将计算机连接到局域网 (LAN)
7—扩展坞接口	将计算机连接到 ThinkPad 扩展坞以扩展计算机功能
8—USB-A 接口	连接与 USB 兼容的设备，如 USB 键盘/鼠标、USB 存储设备或 USB 打印机
9—HDMI 接口	支持 HDMI1.4 标准，可连接兼容的数字音频设备或视频显示器
10—音频接口	连接具有 3.5 mm 插头的耳机，可收听来自计算机的声音

图 5-4 为 ThinkPad X13 笔记本电脑的底部结构图。底部设有整体式保护盖，卸下相应护盖的螺钉，就可以看到相应的设备，方便用户对硬件进行升级或清洁维护。

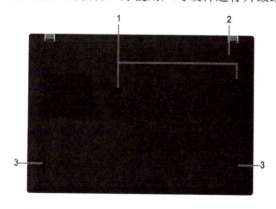

图 5-4　ThinkPad X13 笔记本电脑底部结构图

笔记本电脑的品牌、型号不同，其内部组件的位置也不尽相同，故底部护盖所对应的设备会有所不同，护盖的位置也会随对应组件位置的变化而变化，需根据实际机型进行分析。通常，整机结构及组件分布在笔记本电脑附带的说明书中都可找到。ThinkPad X13笔记本电脑底部各组件的名称和功能如表5-3所示。

表5-3　ThinkPad X13笔记本电脑底部各组件的名称和功能

名　称	功　能
1—扩展坞挂钩孔	使用扩展坞挂钩孔固定受支持的扩展坞
2—紧急复位孔	计算机死机且无法通过按电源按钮关闭时，可通过此按钮紧急复位
3—扬声器	提供高品质声音体验

大多数笔记电脑本底部都会留很多小孔，它们的功能各不相同，有的是用来出风，有的则是用来吸入冷风。内存、硬盘、无线网卡等设备发热量相对低一些，它们都采用了被动散热模式，热气会从键盘表面散发出去。正因如此，建议大家在日常使用笔记本电脑时一定要注意机身底部的空气流通，注意请勿将物品推入或阻塞通风孔，或使灰尘沉积在通风孔处。笔记本电脑运行时，不要将其放在通风不佳的环境（如合上的公文包）中。通风受阻会损坏笔记本电脑甚至引起火灾。

任务5.2　笔记本电脑的日常维护和保养

笔记本电脑作为一种便携的移动式计算设备，在集成度、坚固性和耐用性等方面与台式计算机存在较大的差别，用户在使用过程中因疏忽而出现故障的概率也相应增加。在笔记本电脑的使用过程中要注意以下问题：

笔记本电脑的
日常维护

（1）温度环境。笔记本电脑需要在合适的温度范围内工作，过高或者过低的温度都会影响电脑的性能和寿命。因此，需要保证工作环境温度适宜，其中适宜的温度通常为20～25℃。

（2）湿度环境。环境湿度过高，会导致电脑内部元件出现受潮等问题，影响电脑的正常工作。因此，需要注意保持室内的湿度，通常适宜的湿度为40%～60%。

（3）磁场环境。强烈的磁场会对电脑的内部元件产生影响，可能导致数据丢失和硬件损坏，因此需要避免在强磁场环境下使用电脑，如靠近电磁炉、强磁场电子产品等。

（4）防静电。静电有可能造成计算机芯片的损坏。为防止静电对计算机造成损害，在打开笔记本电脑前应当用手接触可以放电的物体，将本身的静电放掉后再接触计算机的配件。

（5）防震动。震动会造成笔记本电脑部件的损坏（如硬盘的损坏或数据的丢失等），因此笔记本电脑不能工作在震动很大的环境中。

5.2.1　液晶显示屏的维护

液晶显示屏 (LCD Panel) 是笔记本电脑最娇贵的部件，成本往往占到笔记本电脑总成本的 30% 左右，因此对它的保养放在第一位。切忌碰撞液晶显示屏，千万不能在屏幕上面划刻，也不能用手指在上面指指点点。如果屏幕上有保护膜最好不要撕去，这样虽然不是很好看，但至少保证了显示屏可以远离灰尘、指纹和油渍。万一屏幕上有些不干净的东西，可以先试着用干布擦拭，如果不行，也可以用柔软的棉布蘸些工业酒精或者玻璃清洁剂 (千万不要太多) 来轻轻擦拭。目前市面上有一些专用屏幕清洗液，效果都很好。液晶显示屏的具体使用注意事项如下：

(1) 请勿用力盖上液晶显示屏幕上盖或在键盘与显示屏之间放置任何异物，也不要在上盖上压重物，避免上盖玻璃因重压而导致内部组件损坏。

(2) 长时间不使用笔记本电脑时，可通过键盘上的功能键暂时将液晶显示屏电源关闭，除了节省电力外亦可延长屏幕寿命。

(3) 请勿用手指甲及尖锐的物品 (硬物) 碰触屏幕表面，以免刮伤。

5.2.2　电池的维护

笔记本电脑除了携带方便之外，还有一个比较大的优势就是使用了可充电电池，这样笔记本电脑的使用环境就具有很大的灵活性。笔记本电脑的电池性能关系到笔记本电脑的续航时间，这一点一般对于商务人士比较重要，他们经常需要拿着笔记本电脑进行会议或商务洽谈等移动办公应用。而对于一般消费者来说，平时大多是接通电源来使用笔记本电脑的，对于电池的选择以及保养就不那么关心，以至于笔记本电脑使用了一段时间之后，电池的续航时间就大大降低了，难以应对一些突发事件。

笔记本电脑最早配备的电池是镍镉电池，但这种电池具有"记忆效应"，每次充电前必须放电，使用起来很不方便，而且这种电池还有体积大、分量重、容量小、寿命短等缺点，所以已经被市场淘汰了。后来出现了镍氢电池，这种电池同样具有"记忆效应"，所以也逐渐被市场淘汰了。

目前，市场上笔记本电脑均使用了锂离子电池。笔记本电池的寿命主要由充电次数来衡量，一般为 500 ~ 600 次，所以电池有效使用期大多在 2 年左右。

合理地使用笔记本电脑是延长电池寿命、进行电池保养的有效手段。很多用户的笔记本电池使用时间长了，就会出现充不满电、续航时间降低、明显老化等现象。下面介绍一些笔记本电池的使用技巧及应注意的问题。

1. 笔记本电池第一次充电

很多消费者在购买笔记本电脑的时候，都会被经销商告知，新笔记本电脑要反复三次对电池完全充 / 放电，充电时间最好在 12 小时以上，以激活电池。实际上，笔记本电脑在出厂之前都会对电池进行激活，为了避免自然损耗影响电池效能，才会残留少量电能。因此，用户拿到的笔记本电脑是已经激活过的，再按照经销商所说的去做，笔记本电池在完成一次完全充电后就会自动停止工作，不仅没有必要把充电时间保持到 12 小时，而且这样做更增加了电池的损耗。总而言之，新买的笔记本电脑只需按照正常充 / 放电方式进行使用即可。

2. 故意用光电量

定期用光电池的电量，大约 1 月可以进行一次，以确保进行完全充电。当然，并非每次充电以前都需要对电池放电，实际上电池的深度放电会无谓地缩短电池的使用寿命，所以建议一般情况下，当电池电量用到 10% 左右时就可以充电了。当电池中仍有 30% 以上的电量时最好不要充电，因为确实存在"记忆效应"。

3. 接通电源时不用把电池拿下来

很多用户都很迷茫，在接通电源时要不要把电池取下，以防止反复充放电，其实这是没有必要的。因为现在大多数笔记本电脑的电源控制电路都设计了这样一个特性：当电池电量低于 90% 或 95% 时才会充电，而通过自然放电达到这个容量的时间为 2 周到 1 个月。而且就算电池被再次充电，带来的损失也不会比长时间不用电池造成的损耗大。

4. 学会使用电源管理

Windows 系统中内置了电源管理功能（如图 5-5 所示），用户可以根据不同的需求设置不同的电源计划，从而实现节能，减小对电池的损耗。除了 Windows 中内置的电源管理功能，有些笔记本电脑（如联想笔记本）还自带了电源管理软件，合理地使用这些软件，能够更好地控制笔记本电脑的充放电，延长笔记本电脑电池的寿命。

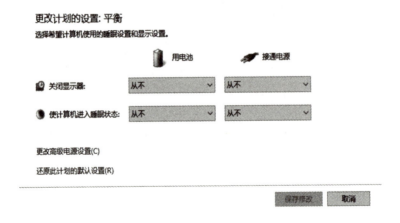

图 5-5　Windows 系统内置的电源管理功能界面

5. 尽量不要使用外接设备

对于一些外接的设备（如 USB 设备等），在使用电池的时候应该尽可能将它们拔掉，以节省电力。因为有些设备的耗电量很大，比如 USB 接口的外置硬盘、外置光驱等设备，连接这些设备会大大缩短电池的使用时间。

6. 禁用暂不使用的设备和接口

一般来说，笔记本电脑中的一些内接设备和接口并不经常使用，当用电池供电使用笔记本电脑时，可以暂时将这些设备和接口禁用。在"设备管理器"中双击需禁用的设备，就可以禁用它们，如图 5-6 所示。

图 5-6　在"设备管理器"中禁用暂时不用的接口

7. 关闭屏幕保护程序

很多人以为屏幕保护程序可能耗电并不大，其实，一些复杂的屏保可能会比正常运行时更加耗电，所以建议在使用电池的时候不要开启屏幕保护功能。

8. 进行节能设置

在 Windows 内置的电源选项中，或者在笔记本电脑自带的电源管理软件中，尽可能地将笔记本电脑的性能调低，比如将亮度调暗、笔记本电脑不操作 5 分钟后自动进入睡眠状态，等等。

除了在使用笔记本电池的过程中注意一些细节和技巧，在日常应用中还要注意笔记本电池的使用环境，这也是影响电池性能和保养电池很重要的一个方面。

1) 防止高温、暴晒

室温 (20 ～ 30℃) 为电池最适宜的工作温度，温度过高或过低的操作环境将降低电池的续航时间。在测试中发现，充电 100% 状态下的电池如果长期维持在一个比较高的温度 (60℃以上)，电池容量会下降 10% ～ 40%。所以，过高的温度会加快电池容量的下降，降低电池的续航时间及寿命。

2) 保持稳定的电压

在笔记本电脑电池的使用过程中，稳定的电压也是非常重要的。用户应尽量避免将笔记本电脑的电源适配器和大功率电器 (如空调、电视等) 接到同一个电源插座上。原因是大功率电器开启或关闭时都会形成瞬间高压进而导致电池受损，而且多个大功率电器使用同一个插座也有可能造成短路等问题，容易发生危险。

5.2.3　键盘和鼠标的维护

笔记本电脑的键盘如图 5-7 所示。键盘积累灰尘时，可用小毛刷来清洁缝隙，或者使用清洁照相机镜头的高压喷气罐将灰尘吹出，也可以使用掌上型吸尘器来清除键盘上的灰尘和碎屑。清洁键盘表面时，可用软布蘸上少许清洁剂，在关机的情况下轻轻擦拭。

图 5-7　笔记本电脑键盘

键盘在使用过程中应注意以下几点：

(1) 不要砸键盘出气。很多计算机用户在死机后由于自己工作成果丢失，都忍不住会砸几下键盘出气。这样做会对键盘按键中起支撑作用的软胶造成损坏，时间长了就会出现按键按下去弹不上来的问题。

(2) 尽量不要在笔记本电脑上方吃东西、吸烟或者喝水，保持键盘干净。特别是过多的液体进入键盘，很有可能使线路短路，造成硬件损失。

笔记本电脑的鼠标一般有指点杆、轨迹球和触摸板 3 种。轨迹球已经很少见了，它相当于机械鼠标的那个球，脏的时候拆下清洗一下就可以了。指点杆最简单，必要时只要更换一个专用的鼠标帽就可以了。触摸板是感应式精密电子组件，请勿使用尖锐物品在触控面板上书写，亦不可重压使用，以免造成损坏。另外，在使用触控板时要注意保持双手清洁，以免发生光标乱跑的现象。不小心弄脏触控板表面时，可用干布蘸湿一角轻轻擦拭表面，请勿使用粗糙布等物品擦拭表面。

对于笔记本电脑进水这种意外情况，首先要做的就是把电池卸下来，待笔记本电脑自然晾干，然后送到专门的售后服务中心维修。

5.2.4　硬盘的维护

笔记本电脑硬盘是专为笔记本电脑这样的移动设备而设计的，具有小体积、低功耗、防震等特点。如图 5-8 所示，一般笔记本电脑硬盘都是 2.5 寸的，更小巧的达到了 1.8 寸。除了以上机械硬盘之外，目前越来越多的笔记本电脑逐渐使用固态硬盘 (SSD)，如图 5-9 所示。

图 5-8　笔记本电脑硬盘　　　　　　　　图 5-9　固态硬盘

固态硬盘主要有以下特点：

(1) 速度快：相较于传统的机械硬盘，SSD 的读取速度更快，因为数据存储在固态芯片内，不存在读取磁头移动的问题。

(2) 耐用：SSD 使用闪存芯片存储数据，相较于传统的机械硬盘的磁盘，不会因为磁盘的摩擦而磨损，因此寿命更长。

(3) 体积小：SSD 相对于传统的机械硬盘更小巧，尺寸更小，便于携带。

(4) 节能环保：机械硬盘使用传统的电机驱动盘片的方式，而 SSD 不需要这样的电机驱动，因此更加节能环保。

无论是台式机的硬盘还是笔记本电脑的硬盘都很"娇贵"。尽管现在的硬盘都已经做到了超强抗震，但还是应该避免不必要的震动。考虑到笔记本电脑硬盘的移动问题，虽然其抗震性能已经很好，但还是应该注意移动时不要过猛，更不要敲击摔打。具体使用硬盘时应注意以下几点：

(1) 正在读写硬盘时不要关掉电源。

硬盘在读写时，其盘片处于高速旋转状态中，若此时强行关掉电源，将致使磁头与盘片猛烈摩擦，从而损坏硬盘。所以，在关机时一定要注意面板上的硬盘指示灯，确保硬盘完成读写之后再关机。

(2) 保持使用环境的清洁卫生。

如果工作环境中灰尘过多，灰尘就会吸附到硬盘印制电路板的表面及主轴电机的内部。硬盘在较潮湿的环境中工作，会使绝缘电阻下降。这两个现象轻则引起电脑工作不稳定，重则使某些电子器件损坏，或某些对灰尘敏感的传感器不能正常工作。因此，要保持工作环境的卫生，减少空气中的含尘量。此外，用户也不能自行拆开硬盘盖，否则空气中的灰尘进入盘内，磁头读写操作时划伤盘片或磁头的可能性将大大增加。所以，硬盘出现故障时决不允许在普通条件下拆开盘体外壳螺钉。

(3) 防止震动。

硬盘是十分精密的设备，工作时磁头在盘片表面的浮动高度只有几微米。不工作时，磁头与盘片是接触的。硬盘在进行读写操作时，一旦发生较大的震动，就可能造成磁头与数据区相撞击，导致盘片数据区损坏或划盘，甚至丢失硬盘内的文件信息。因此，在工作时或关机后硬盘主轴电机尚未停机之前，严禁大幅度移动笔记本电脑，以免硬盘的磁头与盘片产生撞击，擦伤盘片表面的磁层。

(4) 防止环境潮湿及磁场的影响。

在潮湿的季节使用笔记本电脑时，要注意使环境干燥或经常给系统加电，靠其自身发出的热量将机内水汽蒸发掉。另外，尽可能不要使硬盘靠近强磁场，如音箱、喇叭、电机、电台等，以免硬盘里所记录的数据因磁化而受到破坏。

(5) 防止电脑病毒对硬盘的破坏。

电脑病毒对硬盘中存储的数据是一个很大的威胁，所以应利用版本较新的抗病毒软件对硬盘进行定期的病毒检测，一旦发现病毒，立即采取办法将其清除。尽量避免对硬盘进行格式化，因为硬盘格式化会丢失全部数据并缩短硬盘的使用寿命。当从外来软盘拷贝信息到硬盘时，先要对软盘进行病毒检查，防止硬盘感染病毒。

(6) 合理的分区。

　　硬盘分区的大小与维护磁盘的关系不是很大，但分区的合理与否，其实是与日后的维护、升级操作系统和优化等密切相关的，绝对不可忽视。一开始设置好适当的分区大小，会免去很多不必要的麻烦，并能方便日后的管理。

　　(7) 整理磁盘碎片。

　　对某些用户而言，磁盘碎片整理似乎是每天必做的事，但如果将系统的虚拟内存放在一个独立的分区里，由虚拟内存产生的磁盘碎片并不存在，这就消除了磁盘碎片的一大产生来源。而且，由于碎片对音频、视频文件播放的影响几乎可以忽略（播放速度和质量取决于内存缓冲区的设置和 CPU 的能力），如果用户不是大量写入和删除文件，一般只有 C 盘因为浏览器会产生磁盘碎片（系统默认路径，如果更改了，应该整理缓冲临时文件所在的分区），此时整理 C 盘即可。其余的存储歌曲、视频和游戏的分区，一个月甚至两个月整理一次即可。因为系统的速度取决于安装操作系统的分区，只要 C 盘的 Windows 系统文件保持连续整齐，其他分区的数据结构对系统速度和稳定性影响很小。当然，如果用户在其他分区也存放了要经常编辑或删改的文件，也应该经常整理这些分区。

5.2.5　散热系统的维护

　　一般而言，笔记本电脑制造厂商通过风扇、散热导管、大型散热片、散热孔等来降低笔记本电脑使用中所产生的高温，如图 5-10 所示。因为笔记本电脑在硬件搭建结构上比较紧密，不容易散热，所以笔记本电脑的每一个硬件部件的温度都是关键问题。一个系统如果进程量大，带给硬件的负担就大，进而就会直接影响到功耗，有功耗就会有热量，功耗和热量成正比。因此，笔记本电脑在尽量避免长时间开机的前提下，定期的杀毒维护和数据整理也是非常必要的。也可以为笔记本电脑添加一些额外的散热设备，比如笔记本电脑散热托架等，也能辅助提高笔记本电脑的散热能力。在笔记本电脑使用中应注意以下具体事项：

　　(1) 使用时尽量避免堵塞笔记本电脑散热孔，改正不良的使用习惯，如将笔记本电脑放置在身体上、床上或沙发等柔软的物体上。

　　(2) 尽量在装有空调、低尘的环境中使用笔记本电脑。进入笔记本电脑内部的灰尘长期积累会导致散热不良、风扇异响、过热、响应缓慢甚至死机，严重时可导致笔记本电脑硬件损坏。

图 5-10　笔记本电脑散热系统图

5.2.6 其他组件的保养

笔记本电脑屏幕开合的衔接部位也是非常容易损坏的，很多人的笔记本电脑在用了一段时间后就会出现屏幕变得非常"活"的问题，严重时已经不能锁定在某一个角度了，只能靠别的物体支撑着才行。同时这个衔接部位也是很容易裂的，因此在每次开合笔记本电脑屏幕时都应尽量轻一点，慢一点，并且在日常使用笔记本电脑时，也应避免让屏幕频繁前后晃动（如在颠簸的车上）。这种问题出现的概率就会大大减少，切忌用力快速开合笔记本电脑屏幕。

5.2.7 软件的维护

笔记本电脑的软件维护是保持电脑高效运行的重要措施之一。以下是关于笔记本电脑软件维护的一些有效方法。

(1) 及时升级：定期更新操作系统、应用程序和驱动程序等软件，以保持电脑的安全和性能。可以在"设置"或者指定应用商店中查看更新。

(2) 清理无用的应用程序：可以通过卸载不需要的应用程序来释放硬盘空间，提高系统性能。可以使用 Windows 自带的"应用和功能"或者第三方卸载软件进行操作。

(3) 定期清理注册表：不经常清理注册表可能会对系统产生一定影响。可以使用注册表清理工具或手动在命令行中进行清理。

(4) 定期清理硬盘：可以使用系统自带工具清理系统硬盘、删除临时文件和垃圾文件，释放硬盘空间。在文件资源管理器中单击硬盘右键，选择"属性"即可查看硬盘使用情况并进行清理。

(5) 安装杀毒软件保护电脑：及时安装杀毒软件对于保护笔记本电脑的安全非常重要。杀毒软件可以实时监测系统安全，以便发现潜在威胁和恶意软件程序。

(6) 使用系统还原功能：如果系统出现了问题，可以使用系统还原工具将系统还原到较早的状态。在维护之前，可以将重要文件备份到云存储或移动硬盘中。

(7) 使用磁盘碎片整理工具：磁盘碎片会导致硬盘读写速度变慢，影响系统性能。可以使用磁盘碎片整理工具，将分散在硬盘上的文件进行整理，以加速电脑的读写性能。

(8) 禁用启动软件：开机启动的应用程序越多，系统开机过程会越慢。可以通过任务管理器或者第三方软件禁用不必要的开机启动项，以加快系统的开机速度。

(9) 设置电源选项：调整电脑的电源选项，以延长电脑的续航时间。可以进行适当的设置，如改变休眠模式、改变屏幕显示选项等。

(10) 定期备份：将重要的文件定期备份至外部存储设备或者云存储中，以便在出现系统崩溃或硬盘损坏时可以恢复数据。

总之，笔记本电脑的软件维护不仅能够提高电脑的性能，还能保护电脑的安全。通过清理无用的应用程序、定期更新软件、安装杀毒软件、使用系统还原功能以及使用磁盘碎片整理工具等方法来维护电脑，将有助于提高电脑的工作效率并延长电脑的使用寿命。

任务 5.3　了解国产笔记本电脑的发展

国产笔记本电脑是指由国内企业生产的笔记本电脑，具有自主知识产权。随着我国科技的不断发展，国产笔记本电脑也逐渐崭露头角，受到越来越多人的青睐。

5.3.1　国产笔记本电脑的发展阶段

国产笔记本电脑的发展经历了如图 5-11 所示的 4 个发展阶段。

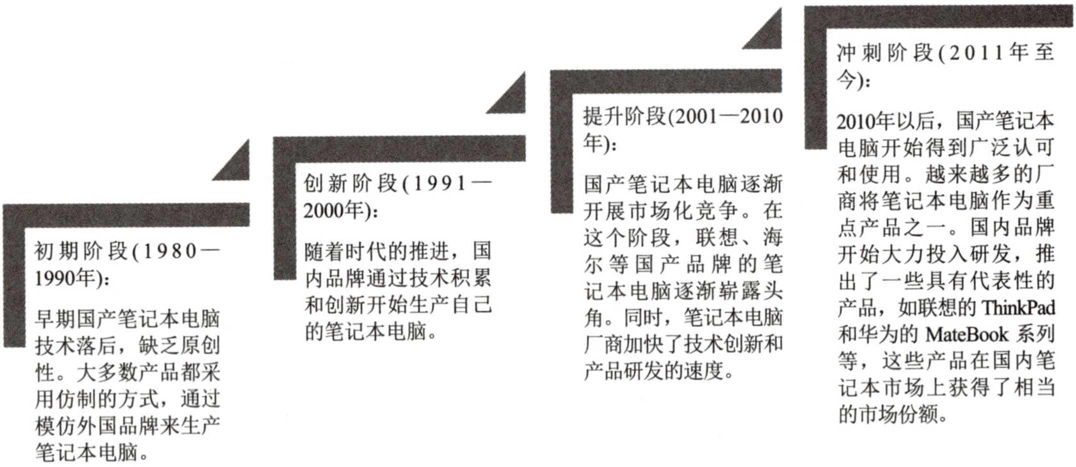

冲刺阶段（2011年至今）：

2010年以后，国产笔记本电脑开始得到广泛认可和使用。越来越多的厂商将笔记本电脑作为重点产品之一。国内品牌开始大力投入研发，推出了一些具有代表性的产品，如联想的 ThinkPad 和华为的 MateBook 系列等，这些产品在国内笔记本市场上获得了相当的市场份额。

提升阶段（2001—2010年）：

国产笔记本电脑逐渐开展市场化竞争。在这个阶段，联想、海尔等国产品牌的笔记本电脑逐渐崭露头角。同时，笔记本电脑厂商加快了技术创新和产品研发的速度。

创新阶段（1991—2000年）：

随着时代的推进，国内品牌通过技术积累和创新开始生产自己的笔记本电脑。

初期阶段（1980—1990年）：

早期国产笔记本电脑技术落后，缺乏原创性。大多数产品都采用仿制的方式，通过模仿外国品牌来生产笔记本电脑。

图 5-11　国产笔记本电脑的发展阶段

值得注意的是，近年来国产笔记本电脑从最初的模仿转向创新，开始依托技术、设计、渠道和品牌实力追求更高的市场定位。在品牌建设方面，国产品牌在逐渐成长和成熟，如联想、华为、小米等品牌在国内和海外逐渐获得了市场认可。在硬件技术方面，随着处理器、显卡、屏幕等硬件的提升，国产笔记本电脑的性能和质量不断提高。此外，当前消费者对笔记本电脑的需求也不断增加，如轻薄、长续航、高性能等，国产笔记本电脑厂商在针对这些需求不断进行创新和改进。

总体来说，国产笔记本电脑经历了从初创到品牌强势崛起的发展历程，技术实力和创新研发能力逐渐提升，市场份额逐步扩大，对整个笔记本电脑市场格局的变化起到了重要的作用。

5.3.2　国产笔记本电脑的发展因素

国产笔记本电脑的发展历程充满挑战和机遇，一方面是市场竞争的激烈，另一方面是各级政府的政策支持和投入。当前，国产笔记本电脑已经在市场竞争中获得了一定的地位，并且在技术创新、性价比等方面优势明显，未来有望持续发展。国产笔记本电脑的快速发展源于多种因素，包括政策、技术与市场等多方面的推动，具体如下：

(1) 政府出台一系列支持政策，鼓励国内品牌进行技术研发，为国产笔记本电脑的发展提供了政策保障。国家加大投资力度，鼓励企业加大技术创新力度，增强技术优势。

(2) 各国内品牌在研发和推广市场方面不断创新。联想、神州、华为、小米、方正、海尔等国内知名品牌加强技术研发，不断推出高端、轻薄、性能强劲的笔记本电脑产品，受到了广大消费者的认可。

(3) 国产笔记本电脑市场的成熟和快速增长为国内品牌提升技术创新和质量创新方面提供不断的动力。通过与全球一流供应商及其研发团队的深入合作，国内品牌已经能够在关键的电子元件和技术方面保持领先。同时，直接面向消费者的线下、线上购物渠道也带动了国产笔记本电脑的销量，并提高了国产笔记本电脑的知名度。

(4) 国际大品牌的抽身，也给国产笔记本电脑带来了发展机会。通过联想等国内企业同国外企业的高档交易、合作，可以借鉴先进的生产、企业管理经验，获得包括知名品牌、核心技术及国际市场支持等方面的优势和格局。

随着消费升级和消费需求的不断提高，国产笔记本电脑的市场空间也在逐步扩大。在如今技术创新和多样化需求方面，国产笔记本电脑在市场分布和消费者需求两方面都得到了快速发展。尤其在中低端市场，国产笔记本电脑优势明显，价格相对更为亲民，同时还有更多的定制产品和多元化选项，可以满足消费者多方面的需求。

5.3.3　国产笔记本电脑的发展趋势

国产笔记本电脑未来的发展趋势主要集中在以下几个方面：

(1) 轻薄化和高性能化。未来笔记本电脑将会越来越轻薄，这意味着厂商们需要不断创新设计和制造技术，以实现更薄更轻的外观。同时，笔记本电脑的性能也需要不断提高，以满足用户在办公和娱乐方面的需求。

(2) 定制化需求的增加。未来的笔记本电脑市场将会更多地面向定制化需求，这意味着厂商们需要更多地了解消费者的需求，以生产更符合消费者个性化需求的产品，在此基础上不断推出更具有竞争力的产品。

(3) AI(Artificial Intelligence，人工智能) 技术的应用。随着人工智能技术的发展，未来的笔记本电脑将更加注重人工智能技术的应用，可以更好地适应不同的用户需求，同时还可以帮助用户更好地进行办公和娱乐。例如，华为的 MateBook 14 和荣耀的 V40 Pro 等笔记本电脑都支持人脸识别等新技术。

(4) 面向全球化市场发展。未来国产笔记本电脑制造商将会更加注重面向全球化市场发展，抢占更多发展机会。在此基础上，国产笔记本电脑制造商也将通过不断提升品牌形象、质量水平和客户服务质量来获得更多的市场份额和用户信任。

(5) 5G 技术的普及。随着 5G 时代的到来，未来笔记本电脑将会面临跨越式的变革。

笔记本电脑将能够通过 5G 网络，实现更快速、更低延时的数据传输，更好地满足用户的办公和娱乐需求。同时，5G 技术的应用也将更好地解决用户在移动和多场景办公方面的需求。

（6）绿色环保：未来笔记本电脑制造商将更注重环保，倡导低碳、环保的生产和使用方式，采用更环保的材料和制造工艺，以减少对环境的负面影响。

（7）区块链应用：区块链技术的应用将带来更高效、安全的数据存储和传输方式，未来笔记本电脑将会更加注重区块链技术的应用，以提升数据的安全性和可靠性。

（8）统一软硬件生态：未来笔记本电脑生产商将会更加注重软硬件生态的统一，实现操作系统、硬件性能和软件应用的无缝集成，在此基础上提高用户体验和竞争力。

总之，未来国产笔记本电脑将会不断创新，不断提升，面向多个市场发展。在此基础上，国产笔记本电脑制造商需要注重技术创新，满足用户需求、环保和可持续发展等要求，进一步提升品牌实力和市场竞争力，以取得更好的地位和市场份额。

任务 5.4　笔记本电脑的故障检测与维修

5.4.1　笔记本电脑的启动过程

笔记本电脑的启动过程涉及计算机系统软硬件的一系列操作，对启动过程的了解有助于在笔记本电脑发生故障时分析、判断产生故障的环节。笔记本电脑的具体启动过程如下：

（1）开机。按下电源开关时，电源就开始向主板和其他设备供电，在开机的瞬间电压不太稳定，主板上的控制芯片组会向 CPU 发出并保持一个 Reset（重置信号），让 CPU 内部自动恢复到初始状态。当芯片组检测到电源已经开始稳定供电时，它便撤去 Reset 信号，CPU 马上从地址 FFFF0H 处开始执行指令，准备执行 BIOS 程序。

（2）加电自检。系统 BIOS 开始进行 POST(Power On Self Test，加电自检)，POST 的主要任务是检测系统中一些关键设备是否存在和能否正常工作。如果发现了一些致命错误，如没有找到内存或者内存有问题（此时只会检查 640 KB 常规内存），则系统 BIOS 直接控制喇叭发声来报告错误，声音的长短和次数代表了错误的类型。在正常情况下，该自检过程很快，用户几乎无法感觉它的存在，自检结束之后就会调用其他代码来进行更完整的硬件检测。

（3）检测显卡 BIOS。系统 BIOS 将查找显卡的 BIOS，并调用它的初始化代码，由显卡 BIOS 来初始化显卡，此时多数显卡的一些初始化信息都会在屏幕上显示，介绍生产厂商、图形芯片类型等内容，这些画面都是一闪而过。系统 BIOS 接着会查找其他设备的 BIOS 程序，找到之后同样要调用这些 BIOS 内部的初始化代码来初始化相关的设备。

(4) 显示 BIOS 信息。查找完所有其他设备的 BIOS 之后，屏幕上将显示系统 BIOS 的启动画面，其中包括系统 BIOS 的类型、序列号和版本号等内容。

(5) 检测 CPU 和内存。系统 BIOS 将检测和显示 CPU 的类型和工作频率，然后开始测试所有的内存，并在屏幕上显示内存测试的进度。

(6) 检测标准设备。内存测试通过之后，系统 BIOS 开始检测系统中安装的一些标准硬件设备，包括硬盘、光驱、串口、并口、软驱和键盘等设备。

(7) 检测即插即用设备。标准设备检测完毕之后，系统 BIOS 内部支持即插即用的代码开始检测和配置系统中安装的即插即用设备，每找到一个设备之后，系统 BIOS 都会在屏幕上显示出设备的名称和型号等信息，同时为该设备分配中断、DMA(Direct Memory Access，直接存储器存取) 通道和 I/O 端口等资源。

(8) 显示标准设备的参数。所有硬件都已经检测配置完毕之后，一般系统 BIOS 会重新清屏并在屏幕上方显示系统中安装的各种标准硬件设备，以及它们使用的资源和一些相关工作参数。

(9) 按指定的启动顺序启动系统。系统 BIOS 将更新 ESCD(Extended System Configuration Data，扩展系统配置数据)。ESCD 是系统 BIOS 用来与操作系统交换硬件配置信息的一种手段，这些数据被存放在 CMOS 中。通常 ESCD 数据在系统硬件配置发生改变之后才会更新，ESCD 更新完毕后，系统 BIOS 根据用户指定的启动顺序从软盘、硬盘、U 盘或光驱启动。

(10) 执行系统文件。以硬盘系统为例，系统 BIOS 将读取并执行硬盘上的主引导记录，主引导记录接着从分区表中找到第一个活动分区，读取并执行这个活动分区的分区引导记录，而分区引导记录将负责读取并执行 io.sys 和 msdos.sys 系统文件，这时显示屏上将出现 Windows 的启动画面。

(11) 读取 Windows 初始化文件。系统读取 Windows 初始化文件 system.ini 和 Win.ini，再读取注册表文件。

(12) 启动成功。启动成功出现初始画面，运行操作系统。

5.4.2　笔记本电脑的维修流程

笔记本电脑的故障分类与台式计算机一样。当笔记本电脑出现故障后，可按以下的顺序进行处理：

(1) 处理故障先外后内，先简单后复杂。

(2) 根据现象先判断后执行。

(3) 判断故障时先软后硬，即先检查软件问题，如故障不能消失，再从硬件方面着手检查。

笔记本电脑的维修流程如图 5-12 所示。

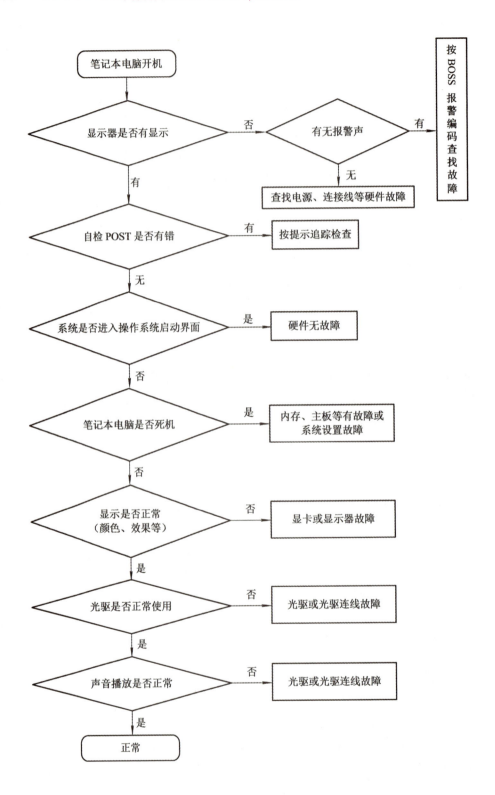

图 5-12　笔记本电脑的维修流程

任务 5.5　实战演练：笔记本电脑的硬件升级与系统维护

5.5.1　笔记本电脑键盘的更换

笔记本电脑的
硬件升级

1. 训练目的

(1) 掌握笔记本电脑键盘更换的步骤。

(2) 能够正确拆装键盘。

2. 训练内容

由于笔记本电脑的键盘是机械部件，随着使用时间的延长，比较容易出现故障，如按键卡滞、打字失灵等故障，这时就需要更换笔记本电脑的键盘。本训练练习笔记本电脑键盘的更换操作。

3. 具体过程

1) 拆卸前的准备

在拆卸笔记本电脑之前，一定要做好两件事：

(1) 释放身体的静电。人体在日常活动时会产生很多静电，特别是秋冬季节，静电会更加容易产生，而在拆卸笔记本电脑的过程中人体静电很有可能击穿电路，所以拆卸前一定要释放身体静电。释放的方法很简单，只要洗洗手或者触摸一些接地的金属就可以了。

(2) 笔记本电脑拆卸过程不能带电操作，仅关机不行，一定要彻底断电，如 ThinkPad L480 笔记本电脑为内置电池的机型，电池无法取下，需要特别执行"禁用快速启动和内置电池"来关闭电池。具体方法可参考笔记本电脑的使用说明。

2) 更换笔记本电脑键盘

下面以 ThinkPad L480 机型为例，完成笔记本电脑键盘的更换。

(1) 禁用内置电池，并关闭计算机，断开交流电源并拔下所有连接线缆。

(2) 使用工具撬下触摸板上方的 2 个 TrackPoint(指点杆) 键帽，如图 5-13 所示。

图 5-13　撬下触摸板上方的 2 个 TrackPoint 键帽

(3) 拧松固定键盘的 2 颗螺钉，如图 5-14 所示。

图 5-14　拧松键盘的固定螺钉

(4) 使用工具将键盘向前推动，使键盘脱离计算机外壳，如图 5-15 所示。

图 5-15　向前推动键盘

(5) 反转键盘，取下键盘连接到主板的数据线，如图 5-16 所示。

图 5-16　取下键盘数据线

(6) 按照相反的顺序，安装键盘数据线，拧紧固定螺钉，装回 TrackPoint 键帽。

(7) 将计算机翻转过来，将交流电源适配器及拔下的所有线缆连接到计算机，这样更换键盘就结束了。

4. 任务总结

更换键盘注意事项如下：

(1) 通常一年之内的笔记本电脑没有更换硬盘的必要。

(2) 笔记本电脑的螺丝很多，一定要记住每个螺丝的所在位置。

(3) 拆卸任何部件时都不能生拉硬拽，以免误伤部件。

(4) 不同机型的笔记本电脑由于内部差异可能较大，具体拆卸方法需参照各自的用户手册进行操作，防止由于操作失误而造成损坏。

5.5.2 笔记本电脑硬盘的更换

1. 训练目的

(1) 掌握笔记本电脑硬盘的更换步骤。

(2) 能够正确拆装硬盘。

2. 训练内容

部分用户在使用笔记本电脑的过程中，发现硬盘空间不够，使用起来非常不方便，这时升级硬盘可以提升空间。笔记本电脑厂商在配置的可升级性上也是颇费心思，其中硬盘升级的灵活性较大，升级起来比较方便。本训练练习笔记本电脑硬盘的更换操作。

3. 具体过程

1) 拆卸前的准备

在拆卸笔记本电脑之前，一定要做好两件事：一是释放身体的静电；二是要彻底断电。具体步骤可参考 5.5.1 节。

2) 更换笔记本计算机硬盘

下面仍然以 ThinkPad L480 机型为例，完成笔记本电脑硬盘的更换。

(1) 禁用内置电池并关闭计算机，然后断开交流电源并拔下所有连接线缆。

(2) 合上计算机显示屏，然后将计算机翻转过来放置于平整桌面上。

(3) 拧松固定底盖的螺钉，如图 5-17 所示。

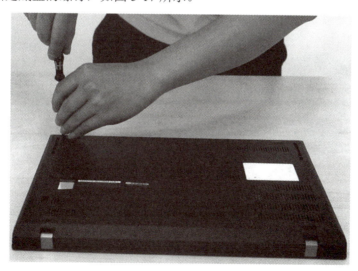

图 5-17 拧松底盖的固定螺钉

（4）取下底盖，如图 5-18 所示。

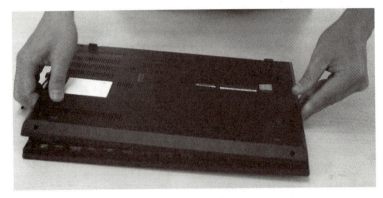

图 5-18　移除底盖

（5）拉动硬盘架上的黑色带子，将硬盘从安装位置提起，如图 5-19 所示。

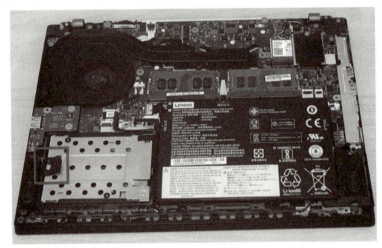

图 5-19　提起硬盘

（6）反转放置硬盘架，卸下硬盘保护板螺丝，如图 5-20 所示。

图 5-20　卸下硬盘保护板螺丝

(7) 卸下硬盘固定螺丝，将旧硬盘从硬盘支架上取出，如图 5-21 所示。

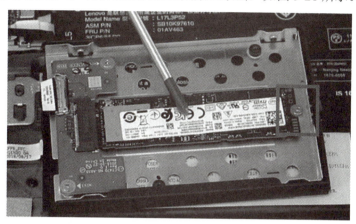

图 5-21　卸下硬盘固定螺丝后取出旧硬盘

(8) 将新 M.2 固态硬盘的触点边缘与插槽中的引脚对齐，然后以 20° 左右的倾角小心地将硬盘插入插槽，并安装硬盘固定螺丝，如图 5-22 所示。

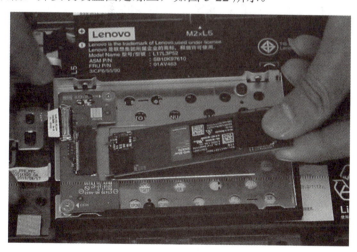

图 5-22　安装新硬盘

(9) 复原硬盘保护板，如图 5-23 所示。

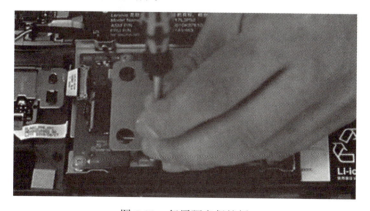

图 5-23　复原硬盘保护板

（10）复原硬盘架，如图 5-24 所示。

图 5-24　复原硬盘架

（11）装回底盖，拧紧底盖的固定螺钉，如图 5-25 所示。这样更换硬盘就结束了。

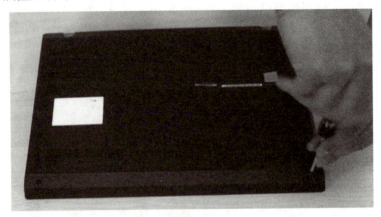

图 5-25　安装并紧固底盖

4. 任务总结

完成硬盘升级更换之后，会明显感觉机器速度快了很多，软硬件运行更加流畅。更换硬盘的注意事项如下：

（1）笔记本电脑的螺丝很多，一定要记住每个螺丝的所在位置。

（2）拆卸任何部件时都不能生拉硬拽，以免误伤部件。

（3）确定笔记本电脑中硬盘所在的位置。目前一般笔记本电脑硬盘都采用抽屉式和内置式。抽屉式硬盘位于机身两侧，升级硬盘不必拆开机身，只需取下挡板，将硬盘抽出即可更换，相对方便一些。除抽屉式以外，最常见的还是内置式设计，需要打开机身底部的盖板或将笔记本电脑机身拆开后方能升级。究竟硬盘采用哪种方式，可以参阅用户手册，也可以咨询技术人员，获得相关信息。

（4）在了解硬盘所在位置之后，取下挡板或者盖板，就可以动手拆除硬盘。拆除硬盘之后，首先就要确定硬盘的类型和大小，目前主流的有机械硬盘和固态硬盘两大类。

（5）要考虑笔记本电脑硬盘的接口问题。目前机械硬盘多数使用 SATA 接口，固态硬盘多数使用 M.2 接口，在升级的时候必须采用相应的接口。

(6) 不同机型的笔记本由于内部差异可能较大，具体拆卸方法需参照各自的用户手册进行操作，防止由于操作失误而造成损坏。

5.5.3　使用 Windows 任务计划程序定期清理笔记本电脑的磁盘

1. 训练目的

(1) 掌握任务计划程序的使用方法。

(2) 能够设置定期清理磁盘的计划。

2. 训练内容

定期清理磁盘对于保持笔记本电脑的高效运行、提高用户体验以及维护数据安全和系统健康至关重要。因此，作为操作系统的管理员，定期进行磁盘清理是必要的配置与管理任务之一。

Windows 中的任务计划程序可以自动化执行任务、提高效率、保证可靠性和一致性，后台执行任务，并具备错误处理与监控功能。它是操作系统配置与管理中非常有用的工具，有助于提升系统管理的效能和自动化程度。

通过任务计划程序定期清理笔记本电脑磁盘，可以提高系统性能，节省磁盘空间，预防数据丢失，提高系统安全性，并维护系统健康。本训练练习使用 Windows 任务计划程序定期清理笔记本电脑磁盘的操作。

3. 具体过程

(1) 打开"控制面板"，单击"系统和安全"→"管理工具"，双击打开"任务计划程序"，如图 5-26 所示。

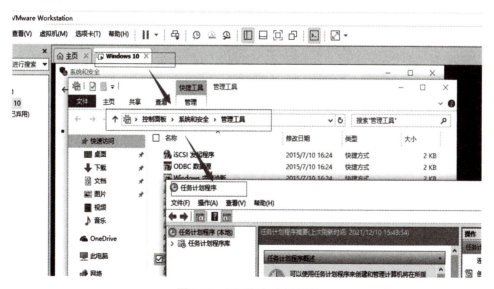

图 5-26　打开任务计划程序

(2) 右键单击"任务计划程序 (本地)"，选择"创建基本任务"，打开创建基本任务向导，如图 5-27 所示。在名称框中输入"磁盘清理"，单击"下一步"按钮。

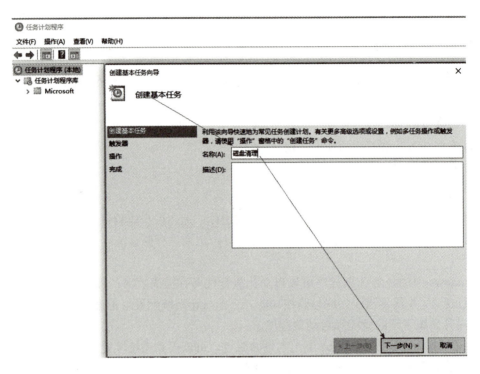

图 5-27　创建基本任务

(3) 设置触发器，首先勾选"每周"，然后在"每周"界面中设置触发器，如图 5-28 所示。

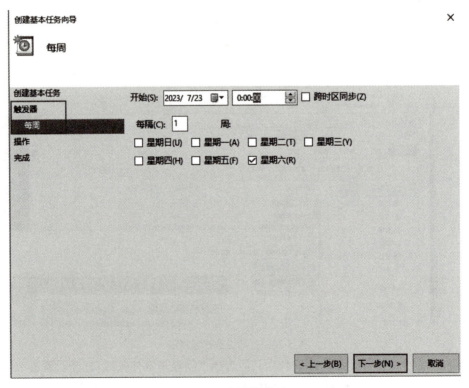

图 5-28　设置触发器

(4) 在"操作"界面中勾选"启动程序",如图 5-29 所示,单击"下一步"按钮。

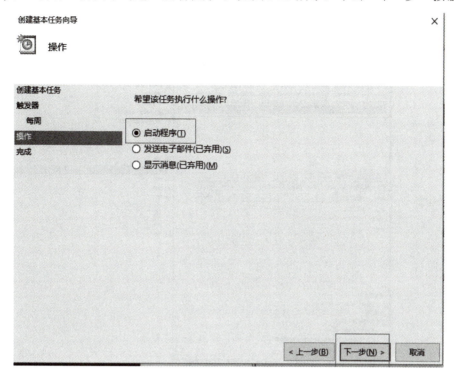

图 5-29　勾选"启动程序"

(5) 单击"浏览",选择启动程序所在位置,如图 5-30 所示。

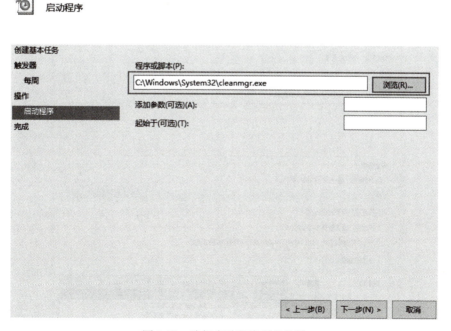

图 5-30　选择启动程序所在位置

（6）单击"完成"后，在任务计划程序库中可以看到新建的任务计划——磁盘清理，选中它，单击右侧的"属性"，如图 5-31 所示。

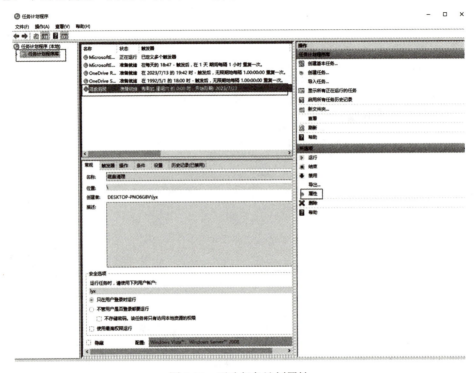

图 5-31　更改任务计划属性

（7）在磁盘清理属性界面，单击"常规"选项卡，在"配置"下拉菜单中选择"Windows 10"，如图 5-32 所示。

图 5-32　磁盘清理属性的"常规"设置

(8) 单击"操作"选项卡,选择"启动程序",然后单击"编辑"。在"编辑操作"窗口的"添加参数"字段中输入"/d c:",如图 5-33 所示。该参数告知磁盘清理程序清理 C: 驱动器。

图 5-33　磁盘清理属性的"操作"设置

(9) 如图 5-34 所示,选中磁盘清理任务计划,单击"运行",弹出如图 5-35 所示的窗口,即可选择要清理的文件进行磁盘清理。

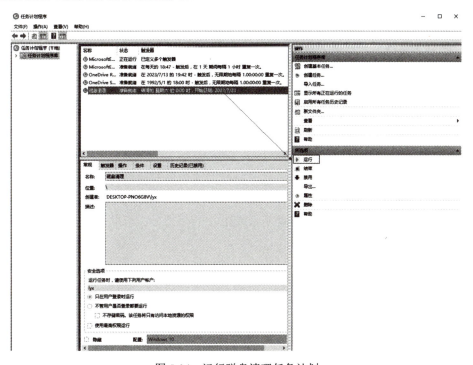

图 5-34　运行磁盘清理任务计划

图 5-35　选择要清理的文件

4. 任务总结

通过任务计划程序定期清理笔记本电脑的磁盘，可以带来以下好处：

(1) 自动化清理过程：通过设置计划任务，可以自动定期执行磁盘清理操作，无须手动干预。

(2) 提高系统性能：定期清理磁盘可以删除不再需要的临时文件、日志文件、缓存文件等，提高系统的响应速度和性能。

(3) 节省磁盘空间：清理磁盘可以释放占用的磁盘空间，为系统和应用程序提供更多可用空间。

(4) 预防数据丢失：及时清理磁盘可以检测和处理已损坏或不可访问的文件，减少数据丢失的风险。

(5) 提高系统安全性：定期清理磁盘可以帮助检测和删除潜在的安全威胁，提升系统的安全性。

(6) 维护系统健康：定期清理磁盘是系统维护的一部分，有助于保持操作系统的稳定和健康。

⚙ 项目总结

笔记本电脑的配置和维护对于保持电脑的高性能和延长寿命非常重要，主要包括以下内容：

(1) 配置：笔记本电脑的硬件主要由 CPU、内存、硬盘 / 固态硬盘、显卡、显示器、键盘、鼠标等组成。选择适合自己需求的配置能够提高电脑的性能和使用效率。

(2) 维护：笔记本电脑的维护包括定期清理系统、保护屏幕、删除不需要的文件以及及时进行杀毒防护。维护不良会影响电脑的性能和寿命。

(3) 清洁：因为笔记本电脑内部有大量的电子元器件，所以平时需要注意避免笔记本电脑被水溅泼等导致硬件受损，同时要遵循正确的键盘清洁方式。清洁屏幕时尽量使用特制的屏幕清洁液，避免使用水和普通清洁剂。

(4) 升级：根据个人需求，升级内存、更换硬盘、换用更强的显卡等也是提高电脑性能的方法，但需要学习开机、关闭和拆装的技巧。

总之，保持笔记本电脑的高性能和延长寿命的关键在于选择适合自己需求的配置和细心维护。定期清理系统、进行杀毒防护、保护电脑屏幕等都是保持电脑高效运行的有效途径。

习题

1. 在笔记本电脑硬件配置方面需要考虑哪些重要因素？
2. 简述笔记本电脑升级内存和硬盘的过程。
3. 笔记本电脑在日常使用过程中，需要注意哪些方面的保养？
4. 笔记本电脑的内存与台式机内存有何差异？
5. 如何解决笔记本电脑的常见故障？
6. 简述笔记本电脑的启动过程。

项目 6　精益求精——其他移动智能终端的配置与应用

知识目标

1. 了解移动智能设备的硬件与软件；
2. 熟悉移动智能终端的主要评测方法及操作步骤；
3. 掌握移动智能终端常见的安全漏洞及维护方法。

能力目标

1. 能够对常见移动智能终端开展评价；
2. 能够掌握移动智能终端常见的安全漏洞。

素养目标

1. 增强安全意识；
2. 培养细致耐心的职业素养。

学习情境

　　移动智能终端已经成为人们日常生活中不可或缺的一部分，人们几乎无时无刻不依赖它们进行通信、获取信息、进行社交娱乐等。人工智能时代正在到来，各种移动智能终端已经成为人们工作和生活中的重要组成部分，如何选择一款性价比高的产品？如何防范移动智能终端常见的安全隐患？

任务 6.1　了解移动设备的硬件

6.1.1　常见移动智能终端的类型

　　移动终端又称为移动通信终端，是指可以在移动中使用的计算机设备，广义地讲包括手机、掌上电脑、平板电脑、POS 机，甚至包括车载电脑。目前，移动终端正在从简单的通话工具变为一个综合信息处理平台，智能化水平逐渐提升。移动智能终端拥有接入互联网的能力，通常搭载各种操作系统，可根据用户需求定制各种功能，常见的移动智能终端有如下几种：

1. 智能手机

智能手机是具有独立的操作系统，独立的运行空间，可以由用户自行安装软件、游戏、导航等第三方服务商提供的服务，并可以通过移动通信网络来实现无线网络接入的手机类型的总称。2008 年 7 月，苹果公司推出 iPhone 3G。自此，智能手机的发展开启了新的时代，三星、HTC、华为、中兴和小米等公司相继推出自己的智能手机产品，大屏幕平板手机逐渐成为主流。智能手机的主要特点有：

(1) 具备无线接入互联网的能力：目前智能手机一般支持 5G 网络、4G 网络 (FDD-LTE、TD-LTE) 和 WiFi 接入功能。

(2) 功能强大：功能包括个人信息管理、日程记事、任务安排、多媒体应用、浏览网页、游戏等，扩展性能强，第三方软件支持多。

(3) 性能优越：内存和 CPU 等硬件性能越来越好，其在处理工作和生活事务中非常方便。

(4) 兼容性强：与常见的智能设备互联互通，功能共享，软硬件兼容性好。

2. 平板电脑

平板电脑是一种小型、方便携带的个人电脑，以触摸屏作为基本的输入设备。它拥有的触摸屏 (也称为数位板技术) 允许用户通过触控笔或数字笔来进行作业而不是采用传统的键盘或鼠标。截至目前，苹果、华为和微软等厂商相继推出了 iPad 系列、MatePad 系列和 Surface 系列等高性能的产品。

实际上，平板电脑就是笔记本电脑的一个变形，只是在输入输出方式上有所创新，其主要的特点有：

(1) 体积小而轻，可以随时转移它的使用场所，比台式机、笔记本电脑具有移动灵活性。

(2) 输入输出方便，具有触摸屏和手写识别输入功能，以及强大的笔输入识别、语音识别、手势识别能力，功能强大。

(3) 性能优越，随着半导体工艺的持续进步，现代平板电脑已经能适用于大多数工作和生活场景。

(4) 兼容性比较强，与常见的智能设备互联互通，功能共享。

3. 其他智能设备

随着科技的发展，移动智能设备的种类和功能不断丰富和扩展，除智能手机和平板电脑以外，还有车载智能终端、游戏主机、智能手表、健康监测器和智能眼镜等设备，为人们的生产生活提供了便利。

了解移动设备
的硬件

6.1.2　移动智能终端的硬件组成

移动智能终端的硬件组成根据具体设备的类型和功能而有所不同，以下是常见智能手机的硬件组成。

1. 处理器

处理器 (Processor) 是智能手机的核心部件，负责执行各种计算任务。目前市场上主要的处理器厂商有高通、苹果、三星和华为等。手机硬件平台中，处理器架构非常关键。早期多采用 AP(Appliation Processor，应用处理器) 和 BP(Baseband Processor，基带处理器) 双处理器的结构体系，目前已经演进到单一芯片系统 (System-on-a-Chip，SoC) 的 AP+BP 解决方案。这 3 种处理器分别介绍如下：

(1) 应用处理器运行开放式操作系统以及操作系统上的各种应用，负责整个系统的控制工作。应用处理器 AP 作为主控制器，负责用户界面和应用服务的实现，操作系统、用户界面和应用程序都在 AP 上运行。

应用处理器 AP 通常包括重要的中央处理器 CPU 和图形处理器 GPU。

(2) 基带处理器是支持各种数据通信制式的通信模块，用来合成即将发射的基带信号，或对接收到的基带信号进行解码，实现基本的无线通信功能。基带芯片通常由实时操作系统进行控制，运行在一个独立的 CPU 上。基带处理器主要包括 DBB(Digital Baseband，数字基带) 芯片和 ABB(Analog Baseband，模拟基带) 芯片，完成话音信号与数字语音信号的调制解调、信道编码解码和无线 Modem 控制等功能。DBB 芯片主要完成语音信号的 A/D、D/A 转换、数字语音信号的编解码、信道编解码和基带处理器的时序控制。ABB 芯片和音频编解码器芯片进行通信，构成通话过程中的语音通道。

(3) 对于手机而言，SoC 主要包括了 CPU、GPU、内存控制器、基带、数字信号处理单元 (Digital Signal Processor，DSP)、图像信号处理单元 (Image Signal Processor，ISP) 等模块。SoC 二合一芯片具有先进的时钟管理和电源管理系统，可独立控制各处理器核心的时钟频率和供电，有效地控制系统功耗；系统通过总线将各处理器核心连接起来，共享内部和外部的存储器；可集成丰富的外围接口，如专用的液晶控制器和摄像机接口、集成 USB2.0 OTG 控制器、MMC/SD 卡控制器、DIGRF 等接口，从而可容易接入蓝牙、WiFi、GPS 等外设。另外，SoC 模式易于进行系统升级，升级时可以保持整个架构不变，对于移动通信设备市场发展的新趋势和新应用具有良好的适应性。SoC 芯片包含的功能模块描述如下：

① 中央处理器 CPU：手机的大脑，承载数据运算。

② 图形处理器 GPU：图形处理中心。

③ 调制解调器也称基带芯片：通信上网的桥梁。

④ 数字信号处理单元 DSP：处理数字信号中心，决定手机拍照体验。

⑤ 多媒体引擎：视频音频解码编码。

⑥ 传感器中心：也称之为协处理器，用作传感器支持运算。

⑦ 电源芯片：电源管理，管理手机电池充放电。

⑧ 图像信号处理单元 ISP：在 SOC 中主要负责拍照部分。

2. 存储器

存储器 (Memory) 用于存储操作系统、应用程序、媒体文件和其他数据，主要分为运行内存 RAM 和数据存储 ROM。由于系统运行模式的差异，一般安卓手机的运行内存

RAM 较高，在 6 ~ 16 GB，数据存储 ROM 都在 128 G 及以上。

3. 显示屏

显示屏 (Display) 是智能手机的主要输出设备，用于显示图像和视频等内容。常见的显示屏类型包括液晶显示器 LCD 和有机发光二极管 OLED 两类，其性能对比如表 6-1 所示。

表 6-1　LCD 与 OLED 性能对照表

屏幕类型	优　点	缺　点
LCD	使用寿命长、相对护眼、显示更清晰 (分辨率相同的情况下)	容易漏光、屏幕偏厚、色彩对比度低、相对耗电、屏幕响应慢
OLED	屏幕更薄、可弯曲、更省电、色彩对比度更高、屏幕响应快	容易烧屏、低亮度下眼睛会感到不舒服

显示屏除了屏幕材质还有分辨率、像素密度、刷新率、触控采样率、色域、屏幕亮度等参数，其中刷新率和分辨率是两个非常重要的性能指标，以 iPhone14 Pro 为例，其屏幕刷新率为 120 Hz，屏幕分辨率为 2440 px × 1080 px。

4. 摄像头

摄像头 (Camera) 是智能手机的重要组件之一，用于拍摄照片和录制视频。现代智能手机通常配备多个摄像头，包括主摄像头、前置摄像头和后置摄像头等。其中像素是最重要的一个性能指标，同类型的摄像头一般都是像素越高越好，生成的图片也就越大。HUAWEI Mate50 Pro 的摄像头参数如表 6-2 所示。

表 6-2　HUAWEI Mate50 Pro 的摄像头参数

名　称	具　体　参　数
摄像头总数	五摄像头 (后三前双)
摄像头名称	后置主镜头：主镜头 后置超广角镜头：超广角镜头 后置潜望式长焦镜头：潜望式长焦镜头 前置超广角镜头：超广角镜头 前置 3D 深感镜头：3D 深感镜头纠错
像素	后置主镜头：5000 万像素 后置超广角镜头：1300 万像素 后置潜望式长焦镜头：6400 万像素 前置超广角镜头：1300 万像素
光圈	后置主镜头：f/1.4 ~ f/4.0 后置超广角镜头：f/2.2 后置潜望式长焦镜头：f/3.5 前置超广角镜头：后置 f/1.4 + f/2.2 + f/3.5，前置 f/2.4
防抖功能	后置主镜头：光学防抖 (Optical Image Stabilization，OIS) 后置超广角镜头：OIS 光学防抖 后置潜望式长焦素镜头：OIS 光学防抖

续表

名　称	具　体　参　数
后置拍照功能	智能可变光圈、物理光圈 10 档可调、超级夜景、超级微距、微距视频、视频 HDR Vivid、微距画中画、长焦画中画、微电影、音频变焦、高像素模式、延时摄影、超大广角、大光圈虚化、双景录像、超级夜景、人像模式、专业模式、慢动作、全景模式、黑白艺术、流光快门、智能滤镜、多机位、水印、文档矫正、AI 摄影大师、动态照片、快拍、4D 预测追焦、笑脸抓拍、声控拍照、定时拍照、连拍
后置视频拍摄	最大支持 4K(3840 px × 2160 px) 视频录制，支持 AIS(AI Image Stabilization) 防抖
前置拍照功能	慢动作、智能广角切换、夜景模式、人像模式、全景模式、趣 AR、延时摄影、动态照片、智能滤镜、水印、笑脸抓拍、自拍镜像、声控拍照、定时拍摄
前置视频拍摄	最大支持 4K(3840 px × 2160 px) 视频录制，支持 AIS 防抖
闪光灯	LED 闪光灯
变焦倍数	后置 3.5 倍光学变焦，100 倍数字变焦
其他摄像头参数	照片分辨率后置：最大可支持 8192 px × 6144 px，前置：最大可支持 4160 px × 3120 px；摄像分辨率后置：最大可支持 3840 px × 2160 px，前置：最大可支持 3840 px × 2160 px

5. 电池

电池 (Battery) 是智能手机的能量来源，为其他硬件组件提供电力。现代智能手机为了保证轻薄握感，机身内部寸土寸金，通常采用锂离子电池。它具有较高的能量密度和较长的续航时间，其电池容量是最重要的指标。以 HUAWEI Mate50 Pro 为例，其电池容量为 4700 mAh，有线充电功率为 66 W，支持无线充电 (反向充电)。

6. 通信模块

通信模块 (Communication Module) 是智能手机与其他设备进行通信的关键部件，包括无线电芯片、移动网络模块和蓝牙芯片等，对应的数据接口有 USB、WiFi、红外、OTG(On-The-Go，电子设备数据交换) 接口、蓝牙和 NFC(Near Field Communication，近场通信) 等。

除了上述硬件组成部分外，智能手机还包含其他重要的部件，如扬声器、麦克风、指纹识别传感器、陀螺仪和加速度计等。这些部件共同构成了智能手机的完整硬件系统。

任务 6.2　认识常见的移动操作系统

当前移动设备已经成为人们日常生活的重要组成部分，而移动操作系统则是这些设备的核心。移动操作系统是一种软件平台，它提供了用户与设备之间交互的界面和功能，以及管理应用程序和硬件资源的能力。它们决定了人们使用智能手机、平板电脑和其他移动设备时的体验。智能手机中最重要的软件是它的操作系统。操作系统管理智能手机的硬件和软件资源。有些平台覆盖了软件栈的整个范围，其他的可能只包括较低层（通常是内核和中间件层），并且依赖于其他软件平台来提供用户界面框架。

移动操作系统主要实现本机和宽带连接、移动多媒体和各种输入方法等管理功能，用于负责识别和定义移动设备的特性和功能，如键盘、应用程序同步、电子邮件和文本消息等方面。

为了适应固有的移动设备环境，移动操作系统运行在有限的 RAM、存储器和中央处理器 CPU 资源上，并用于多进程下的资源和内存的管理，目前主流操作系统包括 Android(安卓)、iOS、Windows 和华为鸿蒙系统四类。

6.2.1　iOS 系统

iOS 是由苹果公司开发的移动操作系统，最初是设计给 iPhone 使用的，后来陆续套用到 iPod touch、iPad 上。iOS 与苹果的 macOS 操作系统一样，属于类 UNIX 的商业操作系统。

认识常见的
移动操作系统

1. 界面

iOS 用户界面的概念基础是能够使用多点触控直接操作，控制方法包括滑动、轻触开关及按键。

1) 主屏幕

iOS 主屏幕是用户与设备交互的重要界面。下面以苹果手机为例，介绍一些关键操作按钮。

(1) 应用图标：主屏幕上显示的是各种应用的图标，用户可以点击这些图标来打开相应的应用程序。

(2) 搜索：主屏幕顶部通常有一个搜索栏，用户可以点击该搜索栏并输入关键词，快速找到所需的应用程序、联系人，或者进行网络搜索。

(3) 文件夹：用户可以将相似的应用程序放入一个文件夹中，并将该文件夹放置在主屏幕上。这样方便用户可以快速访问一系列相关的应用程序。

2) 通知与控制中心

iOS 设备拥有一个集中显示所有提醒的通知中心，要在 iOS 设备上打开通知区域，可以触摸屏幕的顶部并用一个手指向下滑动。通知打开时，可执行以下操作：触摸以对提醒作出响应；触摸"X"图标，然后触摸"清除"将提醒删除。

iOS 设备允许用户快速访问常用设置和开关，即使设备处于锁定状态也可以。要访问常用的设置菜单，请从任何屏幕的底部向上轻扫，无论在何种界面下，都可以调出控制中心。iOS 的控制中心就像是手机设置的快捷版，我们可以在这里快速实现飞行模式、无线网络、蓝牙等功能的开启和关闭，而无需在设置里进行烦琐的操作，不仅实用，而且好用。另外，控制中心还提供自定义功能，如图 6-1 所示。

图 6-1　iPhone 的控制中心

　　控制中心上方的区域是官方限定的，无法进行更改和编辑，但对于下方区域，用户可以按如下的步骤自定义选择需要的功能。

　　(1) 打开设置，找到控制中心并单击，如图 6-2 所示。

图 6-2　打开控制中心

　　(2) 自定义控制中心分为两个区域，上方是已经添加在控制中心的功能，下方则是待添加的功能，如图 6-3 所示。这些应用有手电筒、闹钟、计算器、放大器等日常生活比较常用的功能。

图 6-3　自定义控制中心界面

(3) 单击下方功能名称前面的绿色加号按钮，然后功能就会显示在上方的已添加区域，同样可以从底部上滑调出控制中心查看。删除功能与添加操作类似，单击已添加功能前的红色减号按钮即可，如图 6-4 所示。

图 6-4　自定义控制界面的添加和删除功能

2. 支持第三方应用程序

在 2007 年苹果全球开发者大会上，苹果宣布 iPhone 和 iPod Touch 将通过 Safari 互联网浏览器支持某些第三方应用程序，这些应用程序被称为 Web 应用程序。它们能通过 AJAX(Asynchronous JavaScript And XML，异步 JavaScript 和 XML) 网页开发技术编写出来。iPhone 和 iPod Touch 使用基于 ARM 架构的中央处理器，而不是苹果的 Mac 计算机使用的 x86 处理器。因此，Mac OS X 上的应用程序不能直接复制到 iOS 上运行，需要针对 iOS 的 ARM 架构重新编写。从 iOS 2.0 开始，通过审核的第三方应用程序已经能够通过苹果的 App Store 进行发布和下载了。

3. iOS 系统的特点

(1) 封闭性。iOS 系统是一个完全封闭的系统，不开源，有自己严格的管理体系、评审规则等。

(2) 界面美观、易操作。iOS 系统给人的第一感觉就是简洁、美观。无论是从外观还是到易用性，iOS 都致力于为使用者提供最直观的用户体验。

(3) 安全性强。对于用户来说，保障移动设备的信息安全具有十分重要的意义。苹果对 iOS 生态采取了封闭的措施，并建立了完整的开发者认证和应用审核机制，因而恶意程序基本上没有登台亮相的机会。iOS 设备上的许多安全功能都是默认的，无需对其进行大量的设置，而且某些关键性功能，比如设备加密，则是不允许配置的，这样用户就不会意外关闭这项功能。另外，iOS 的"沙盒机制"可保护用户数据，实现不同程序之间的隔离。

(4) 稳定性。iOS 系统的软件与硬件的整合度相当高，使其分化大大降低，增加了整个系统的稳定性。

6.2.2 安卓系统 Android

安卓系统 Android 是一种基于 Linux 内核 (不包含 GNU 组件) 的自由及开放源代码的操作系统。Android 公司由 Andy Rubin 于 2003 年 10 月创办，2005 年被谷歌公司收购，并于 2007 年对外展示了 Android 移动操作系统，宣布建立一个全球性的联盟组织。该组织由 34 家手机制造商、软件开发商、电信运营商及芯片制造商共同组成，并与 84 家硬件制造商、软件开发商及电信运营商组成手持设备联盟 (Open Handset Alliance) 来共同研发和改良 Android 系统。Android 各代版本的 logo 如图 6-5 所示。

图 6-5　Android 各代版本的 logo

1. Android 系统特性

(1) 开源。Android 系统完全开源，由于本身的内核是基于开源的 Linux 系统内核，所以 Android 从底层系统到上层用户类库、界面等都是完全开放的。任何个人、组织都可以查看学习源代码，也可以基于谷歌发布的版本做自己的系统，比如华为、小米、三星等手机厂商都有自己个性化的 Android 系统。相对于谷歌发布的 Android 系统版本，手机厂商为突出自己的优势在一些功能上做了优化。

(2) 多元化设备支持。Android 除了在智能手机上被应用外，还在平板电脑、互联网电视、车载导航仪、智能手表及一些其他智能硬件上被广泛应用，比如小米的平板电脑、电视，乐视的电视，华为的车载导航仪、手表等。围绕自动驾驶相关的产业也是利用 Android 系统进行开发的。

(3) 多任务处理：Android 系统支持多任务处理，用户可以在一个界面上同时运行多个应用程序。

(4) Dalvik 虚拟机。Dalvik 是 Google 公司设计用于 Android 平台的虚拟机。该虚拟机 (Virtual Machine，VM) 相对于 Sun VM 来说有很多不同。比如 Dalvik 基于寄存器、Sun 基于栈；Sun 虚拟机运行的是 class 文件，Dalvik 运行的是谷歌自定义的 dex 文件。Dalvik 在低速 CPU 上表现的性能更高，对内存的使用也更高效。这恰恰是移动设备所需要的。

(5) 开放的第三方应用。由于谷歌秉承的开源、开放，在 Android 上开发 App、发布 App 要相对比较容易些。开发人员可以根据自己应用的需要调用手机 GPS、陀螺仪、摄像头等硬件设备，也可以访问本地联系人、日历等信息，还可以发起拨打电话、发送短信等。在 Android 上开发应用也不需要谷歌认证，所以 Android 的整个应用市场比较丰富。

(6) 无缝和 Google 集成。Android 可以和 Google 的地图服务、邮件系统、搜索服务等进行无缝结合，有的甚至已经内嵌 Android 系统。

(7) 可定制性。Android 系统具有高度的可定制性和开放性，用户可以根据自己的需求和喜好来选择和安装不同的应用程序。

2. Android 系统架构

Android 系统架构分为 5 层，从上到下依次是应用层、应用框架层、系统运行库层、硬件抽象层和 Linux 内核层，介绍如下：

(1) 应用层。系统内置的应用程序以及非系统级的应用程序都属于应用层，负责与用户进行直接交互，通常都是用 Java 进行开发的。Android 会同一系列核心应用程序包一起发布，该应用程序包包括客户端、SMS 短消息程序、日历、地图、浏览器、联系人管理程序等。

(2) 应用框架层。应用框架层为开发人员提供了开发应用程序所需要的 API (Application Program Interface，应用程序接口)，我们平常开发应用程序都是调用这一层所提供的 API，当然也包括系统的应用。这一层是由 Java 代码编写的，可以称之为 Java Framework。开发人员也可以完全访问核心应用程序所使用的 API 框架。该应用程序的架构设计简化了组件的重用，任何一个应用程序都可以发布它的功能块，并且任何其他的应用程序都可以使用其所发布的功能块 (不过得遵循框架的安全性)。同样，该应用程序重用机制也使用户可以方便地替换程序组件。

(3) 系统运行库层。系统运行库层分为两部分，分别是 C/C++ 程序库和 Android 运行时库。

(4) 硬件抽象层。硬件抽象层是位于操作系统内核与硬件电路之间的接口层，其目的在于将硬件抽象化。为了保护硬件厂商的知识产权，它隐藏了特定平台的硬件接口细节，为操作系统提供虚拟硬件平台，因而具有硬件无关性，可在多种平台上进行移植。从软硬件测试的角度来看，软硬件的测试工作可分别基于硬件抽象层来完成，使得软硬件测试工作的并行成为可能。通俗来讲，就是将控制硬件的动作放在硬件抽象层中。

(5) Linux 内核层。Android 的核心系统服务基于 Linux 内核，在此基础上添加了部分 Android 专用的驱动。系统的安全性、内存管理、进程管理、网络协议栈和驱动模型等都依赖于该内核。

6.2.3　Windows Phone 系统

Windows Phone(简称为 WP) 是微软公司于 2010 年 10 月 21 日正式发布的一款手机操作系统，具有桌面定制、图标拖拽、滑动控制等一系列前卫的操作体验。其主屏幕通过提供类似仪表盘的体验来显示新的电子邮件、短信、未接来电、日历、约会等，对重要信息保持时刻更新。系统具有如下特色：

(1)增强的 Windows Live 体验，包括最新源订阅，以及横跨各大社交网站的 Windows Live 照片分享等。

(2)更好的电子邮件体验，在手机上通过 Outlook Mobile 直接管理多个账号，并使用 Exchange Server 进行同步。

(3) Office Mobile 办公套装，包括 Word、Excel、PowerPoint 等组件。

(4)在手机上使用 Windows Live Media Manager 同步文件，使用 Windows Media Player 播放媒体文件。

(5)重新设计的 Internet Explorer 手机浏览器，支持 Android Flash Lite。

(6)应用程序商店服务 Windows Marketplace for Mobile 和在线备份服务 Microsoft My Phone 也已同时开启，前者提供多种个性化定制服务，比如主题。

(7) Windows Phone 的短信功能集成了 Skype 即时通信软件。

(8) WP7 支持适合应用程序的 AES(Advanced Encryption Standard，高级加密标准) 加密和一些 Hashing 算法。

(9) 拥有"查找我的手机"功能。

然而，由于 Windows Phone 的市场份额较小，支持和开发的应用程序数量相对较少，缺乏与 Android 和 iOS 系统的互操作性，这导致了其在市场上的竞争力不足。因此，微软公司最终决定停止开发和支持 Windows Phone 系统，并建议用户转向其他移动平台。

6.2.4　华为鸿蒙系统 HarmonyOS

HarmonyOS 是一款面向未来、面向全场景 (移动办公、运动健康、社交通信、媒体娱乐等)的分布式智慧操作系统。

(1) 对于消费者而言，HarmonyOS 用一个统一的软件系统，从根本上解决消费者面对大量智能终端体验割裂的问题，为消费者带来统一、便利、安全的智慧化全场景体验。

(2) 对应用开发者而言，HarmonyOS 通过多种分布式技术整合不同终端硬件能力，形成一个虚拟的"超级终端"。应用开发者可基于超级终端开发应用，聚焦上层业务逻辑，无需关注硬件差异，降低了开发难度和成本。

(3) 对设备开发者而言，HarmonyOS 采用了组件化的设计方案，可以根据设备的资源能力和业务特征进行灵活"裁剪"，满足不同形态的终端设备对于操作系统的要求。

HarmonyOS 整体遵从分层设计，从下向上依次为内核层、系统服务层、应用框架层和应用层，技术框架如图 6-6 所示。系统功能按照"系统 > 子系统 > 功能 / 模块"逐级展开，在多设备部署场景下，支持根据实际需求裁剪某些非必要的子系统或功能 / 模块。在传统的单设备系统能力的基础上，HarmonyOS 提出了基于同一套系统能力、适配多种终端形态的分布式理念，能够支持多种终端设备。目前，华为手机、笔记本电脑和平板等相关产品都搭载了鸿蒙系统。

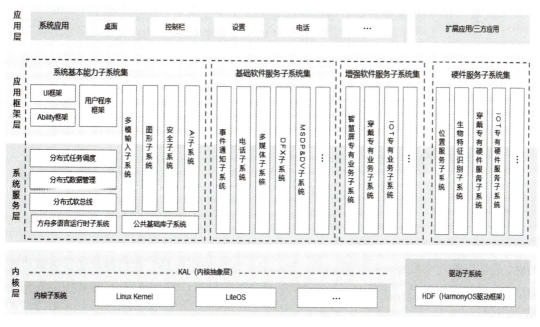

图 6-6　HarmonyOS 技术框架

HarmonyOS 技术架构支撑 1+8+N 战略，在该战略中，1 是手机，8 包括平板、PC、穿戴、智慧屏、AI 音箱、耳机、VR(Virtual Reality，虚拟现实)、车机多种设备，N 是指万物互联。通过通信连接和应用打通，从手机的优势向外围延展，HarmonyOS 技术架构起到了巨大的支撑作用。鸿蒙操作系统的三大核心竞争力如下：

(1) HarmonyOS 能更好地适应物联网时代的需求。

HarmonyOS 是一款基于微内核的全场景(移动办公、运动健康、社交通信、媒体娱乐等)分布式操作系统。鸿蒙操作系统最重要的特性就是"分布式"，即同一个操作系统可以在不同类型的终端上运行。通过分布式多端协同身份认证来保证"正确的人"，通过在分布式终端上构筑可信运行环境来保证"正确的设备"，通过分布式数据在跨终端流动的过程中，对其进行分类分级管理来保证"正确地使用数据"。在 IoT(Internet of Things，物联网) 硬件领域，HarmonyOS 革命性的分布式技术，还能帮助硬件厂商实现"产品即服务"的产业升级。对应用开发者而言，鸿蒙操作系统更加方便快捷。目前，华为单系统的安全能力已经做到极致，成为业界第一个且唯一在微内核领域通过了 CCEAL5+ 认证的厂家。

(2) 开源吸引更多生态伙伴。

华为从 2012 年开始研发鸿蒙操作系统，它以打造生态为目标，服务于华为的硬件产品。2019 年 8 月 9 日，华为正式发布 HarmonyOS，同时宣布 HarmonyOS 实行开源。HarmonyOS 采用 Apache Licence 开源协议，该协议不仅鼓励代码共享，还尊重原作者的著作权，更容易吸引商业进入。全球开发者均可以使用鸿蒙开源工具包开发各式应用。同时华为也拿出 10 亿美金作为基金，帮助全球开发者开发创新应用。

(3) 华为的技术积累和海量生态是 HarmonyOS 发展的保障。

HarmonyOS 从与硬件的捆绑协同来看，类似于苹果 iOS；从免费开源的角度看，与安卓系统相像。当然 HarmonyOS 也有自己的特点，它与 iOS 及安卓系统的区别如表 6-3 所示。

表 6-3　HarmonyOS 与 iOS 及安卓系统的对比

特　　点	HarmonyOS	iOS	安　　卓
硬件载体	手机之外，还可以搭载在电视、手表、车机、智能家居等众多 IoT 设备	手机为主	手机为主
增长空间	IoT 设备潜力很大	有限	有限
优点	流畅，开源，分布式能力	流畅	开源
缺点	新生系统，处于增长期	封闭	碎片化，卡顿
开发者开发 App	一次开发多端适配	单独适配	单独适配

华为移动服务 (Huawei Mobile Service，HMS) 生态已经成为全球第三大应用生态。HMS 就是用来为手机提供基础服务的，比如云空间、应用市场、支付钱包等。随着后续 HMS 生态的逐渐成熟，凭借 HarmonyOS 庞大的终端数量，HMS 生态有望成为华为新的收入引擎。

任务 6.3　移动智能终端的主要评测方法

对于移动智能终端的选购，相信很多人都存在一定程度选择困难，面对诸多的品牌以及屏幕规格、处理器型号、摄像头配置、充电水平等一系列参数，让人看得眼花缭乱。那么如何来对移动智能终端进行评测呢？

当前移动智能终端行业产品测试的标准尚未统一。目前，测试内容的选择与标准多由用户自行决定。测试内容的选择出发点，多是消费者感知最明显的部件，如屏幕、相机、充电速度、续航等。

本节主要以智能手机为例，简要介绍智能手机的主要评测内容和方法。

1. 屏幕

智能手机屏幕测试项目包括亮度、对比度、色域、坏点、老化、抗冲击、耐温性等。其中屏幕亮度会影响消费者的阅读感受；颜色饱和度会影响画面效果；手机屏幕坏点和老化测试是必不可少的项目，是保障手机屏幕质量的关键。

在屏幕测试上，优先推荐校色仪 +DisplayCAL 的测试方案。这套方案的特点是需要购置校色仪，软件的功能多，完善度好，不仅可以测手机而且可以给电脑校色。同时还可以利用第三方软件来测试屏幕功能，比如安兔兔评测就能进行屏幕坏点测试、彩条测试、灰阶测试等。

另外，当前智能手机一般自带"手机屏幕测试模式"功能，也可以较好地检测屏幕部分功能。

2. 性能

性能评测内容主要包括 GPU 性能测试、CPU 性能测试和 ROM/RAM 性能测试，还包括通过数据安全、数据处理、图像处理和视频处理等方面综合评价设备的性能。目前智能手机的性能测试过程一般包括基准性能测试（跑分）和游戏帧率测试两个部分，这些测试都需要借助一些成熟稳定的工具。

基准性能测试的常见综合跑分工具有安兔兔和鲁大师，另外还有 CPU 项目的 GeekBench5(需要 Google Play)，GPU 项目的 3D Mark、GFXBench5.0(需要 Google Play)，及闪存项目的 Androbench5.0。

游戏帧率测试工具首推腾讯的 Perfdog。作为移动全平台 iOS/Android 性能测试和分析工具平台，该工具能快速定位分析性能问题，提升 App 应用及游戏的性能和品质。

3. 续航

续航测试最重要的是续航模型的建立。一个人拿起手机用一个小时，可能会干的事情有很多，刷淘宝、看知乎、回微信、打游戏，好的续航模型要涵盖到尽量广的使用场景，与此同时，在测试的过程中必须要控制变量。例如，我们可以参照以下模型开展测试。

(1) 测试标准：固定室温 25℃、手机电量完全充满、不插卡、飞行模式、开启 WiFi、关闭蓝牙、关闭定位。

(2) 测试流程：开启 B 站播放视频（清晰度选择 1080P)，设置 50% 音量、50% 屏幕亮度，每隔 1 小时查看当前电量并记录。待手机完全没电时，记录全部续航时间。

在条件允许的情况下，我们可以使用相关仪器来核定屏幕亮度和音量，以做到更加精准。

4. 安全测试

移动智能终端的安全性能测试主要包括以下几个方面。

(1) 数据加密测试：测试移动智能终端的数据传输和存储是否采用了加密技术，如

SSL/TLS(Secure Socket Layer/Transport Layer Security，安全套接层 / 传输层安全) 协议、AES 等。

(2) 防病毒测试：测试移动智能终端的杀毒软件是否能够及时发现和清除病毒、木马等恶意软件。

(3) 防窃听测试：测试移动智能终端的麦克风、摄像头等是否存在漏洞，能否被黑客窃听或监控。

(4) 身份验证测试：测试移动智能终端的身份验证功能是否可靠，如指纹识别、面部识别、虹膜识别等。

(5) 安全更新测试：测试移动智能终端的安全更新是否及时发布，能否有效修复已知漏洞。

(6) 物理安全测试：测试移动智能终端的物理结构是否坚固，能否防止被盗或损坏。

(7) 网络安全测试：测试移动智能终端在网络环境下的安全性，如 WiFi 网络、蓝牙网络等。

任务 6.4　移动智能终端的常见安全漏洞及应对

当前，以智能手机及其周边设备为代表的智能移动终端迅速普及，正逐渐替代个人计算机成为用户连接互联网的主要终端设备。在经济、社会和文化等领域中，智能移动终端作为各种信息交互的载体，给用户带来便利服务的同时，也带来了很多信息安全风险。近年来，通过各类研究发现，移动智能终端面临的信息安全风险正在不断加剧，任何智能终端操作系统都存在漏洞，使木马、蠕虫等恶意代码的存在成为可能，从而造成用户隐私被窃取、终端功能被破坏、通信网络被攻击等安全事件的发生。同时，智能终端采用开放的操作系统及软件平台架构，为开发者提供开放的应用程序编程接口及开放的开发平台，这可能会被不法分子用于开发恶意代码软件。此外，绝大多数操作系统提供商以系统维护为借口，给自己预留了非公开的应用程序编程接口，由此带来恶意后门的隐患，给用户安全带来了巨大挑战。

常见的安全漏洞及应对策略大概可以分为以下三个大类：

1. 硬件设备的风险与对策

当前移动智能终端一般在出厂前通过设置硬件 RoT(Root of Trust，信任根) 来防范因漏洞攻击导致的软件一致性缺失。硬件信任根是一个与一组安全属性相关的概念，这些安全属性将片上系统 (System on Chip，SoC) 的安全性固定到硬件中。这样，信任根以加密的方式确保了 SoC 的安全配置和工作负载保护机制，只有受信任的固件才能在这种芯片组上运行。因此，硬件信任根可以帮助硬件制造商提高产品的可靠性和稳定性，减少故障率和维修成本，提高用户满意度。

例如，作为检测软件是否被篡改的功能，会先进行安全引导。在安全引导中，可通过验证电子签名确认设备启动时读取的软件是否被篡改。在包括硬件信任根的智能设备中，用于验证数字签名的密钥被存储在设备的硬件中，这样就可以保护密钥，免受被篡改后的软件盗取密钥等的攻击，从而增强安全引导功能。硬件信任根的实现主要包括将SIM(Subscriber Identity Module，客户识别模块)卡安装在终端上使用和配备专用芯片等方法，但主流多采用在系统级晶元中集成硬件信任根功能的方法。

为帮助用户进行数字版权管理，保护敏感数据，可采用可信执行环境技术。该技术是集成在面向智能移动终端的SoC中的特色安全功能之一。基于可信执行环境的技术原理，可在存储器中对展开程序的执行空间进行分割，生成运行普通操作系统和应用程序的富执行环境空间与运行要求更高安全性认证和加密功能的可信执行环境空间，这种划分是通过硬件访问控制机制实现的。在可信执行环境空间中运行的可信应用程序可通过DRM(Digital Rights Management，数字版权管理)功能保护数据的解码，在富执行环境空间中运行应用程序的密钥管理、认证和结算数据生成等功能。另外，基于可信执行环境的空间分离技术也可以用在智能移动终端配备的传感器上，如可以采用将指纹数据读取设备仅连接到可信执行环境空间配置的方法，达到保护采集的生物数据和认证逻辑的效果。

2. 软件系统的风险与对策

由于移动智能终端可以广泛地安装第三方应用程序，在拥有强大的应用扩展性的同时，恶意代码可能作为应用程序的一部分被安装到设备上，如何防止智能设备泄密也成为保密工作的难题。为了处理个人信息和位置信息等敏感数据，设备生产商从设备出厂前就在操作系统中加入了安全功能，主要有以下两种措施：

(1) 在早期面向智能移动终端的操作系统中加入了控制应用权限的功能和分离应用之间通信的机制。但需要注意的是，部分恶意软件可利用操作系统运行中的部分缺陷和脆弱性窃取设备敏感信息。用户为了避免部分应用的功能限制，会通过开放部分功能权限等方式尝试篡改设备初始设定，因此，操作系统中的安全功能会因用户篡改而失效，故安全防护效果具有一定局限性。具体而言，应用程序的权限在其程序内部已被定义，在安装或运行时，若能得到用户的同意，该权限将被操作系统开放给应用程序。为此，可禁止运行的应用程序之间直接通信，通过操作系统或使用限定可执行权限的沙箱等方式来降低恶意软件造成的损失。

(2) 从操作系统层面上，限定用户能够访问的文件系统或变更设定的权限范围，使不具备相关安全知识的用户不会因误操作而使设备处于危险状态。

综上所述，为提高操作系统的安全性，各设备可不再将安全对策委托给用户，而是采用通过操作系统供应商实现信息安全对策的功能机制。

此外，相关移动智能设备出厂时都有一些自带软件，而部分自带软件缺乏安全性。特别是安卓操作系统，其源代码是公开的，窃密者可获得源代码、发现漏洞、编辑病毒，对目标手机实施攻击，埋下安全隐患。那么，确保智能设备操作系统和应用程序保持最新状态，及时更新软件(其包含安全补丁)，有助于保护设备免受恶意软件和网络攻击。

3. 操作使用的风险与对策

用户在操作使用智能移动终端时出现的信息安全问题，主要与用户的安全防护意识不强有关。由于用户数字证书机制无法完全限制恶意程序的开发，用户往往无法区分恶意程序和正常程序，在进行操作时会给予程序申请的所有权限而产生安全隐患。例如，针对开源的浏览器引擎 WebKit 的攻击和中间人攻击等，都是基于用户不当操作而对应用程序发起的攻击。由于此类攻击成功率较高，已逐渐成为攻击者频繁利用的手段。

为降低对智能移动终端操作使用的风险，除增强用户安全防护意识外，还可从以下几个方面加以防范：

(1) 不要连接未知的开放 WiFi，在连接公共 WiFi 时不要进行网银类相关操作，如果一定要进行，请使用自己的移动数据网络。

(2) 及时更新应用程序，尽量在官方应用商城下载 App，若下载来自第三方应用程序商店的 App，在安装前需谨慎考虑其安全性。

(3) 当有应用程序请求授权时，需详细阅读其请求授权的内容，防止开放多余权限。

(4) 安装良好声誉且有效的安防软件，定期进行病毒查杀。

(5) 在官方维修店维修设备，同时避免进行 root(获得超级用户权限)、刷机、越狱等操作。

在大数据时代背景下，智能移动终端已成为人们日常生活中不可缺少的组成部分，保障信息安全已成为当下技术发展的重要课题。华为手机常用的安全设置如图 6-7 所示。我们不仅要对信息安全风险的现状进行深入研究，而且应与时俱进，着眼于未来发展，结合智能移动终端的各类特征做好信息安全的风险评估工作与防护策略，才能在出现问题时及时响应，将风险降到可控范围内，确保用户的信息安全。

图 6-7 华为手机常用的安全设置

任务 6.5　实战演练：智能手机的功能测试与个人信息安全保障

6.5.1　利用第三方软件安兔兔测试智能手机功能

1. 训练目的

(1) 让学生了解安兔兔软件的基本功能和使用方法。

(2) 学会使用安兔兔软件对智能手机的各项功能进行测试。

(3) 提高学生的实践能力和操作技巧。

2. 训练内容

使用安兔兔软件测试智能手机的功能。

3. 具体过程

(1) 熟悉安兔兔软件的功能，获取智能手机的基本信息。

① 硬件信息检测：CPU、内存、存储空间等硬件信息。

② 系统信息检测：系统版本、内核版本、Android ID 等信息。

③ 电池信息检测：电池容量、电压、温度等信息。

④ 网络信息检测：WiFi、蓝牙、移动网络等网络状态信息。

(2) 使用安兔兔软件对智能手机的各项功能进行测试，包括但不限于以下几个方面：

① CPU 性能测试：运行多个应用程序，观察 CPU 占用率的变化。

② 内存性能测试：运行大型游戏或多任务处理，观察内存占用率的变化。

③ 存储空间测试：删除或添加文件，观察存储空间的变化。

④ 系统信息对比：将手机系统信息与安兔兔软件显示信息进行对比，检查是否一致。

⑤ 电池信息对比：将手机电池信息与安兔兔软件显示信息进行对比，检查是否一致。

4. 任务总结

移动智能终端的性能评测尚未有统一的标准，一般需要借助第三方软件或者专业仪器。

6.5.2　保障智能手机个人信息安全

1. 训练目的

(1) 了解智能手机个人信息安全的重要性。

(2) 掌握智能手机个人信息安全的基本知识。

(3) 学会如何保障智能手机个人信息安全。

2. 训练内容

维护智能手机个人信息安全。

3. 具体过程

(1) 熟悉国内相关法律规范，提高安全意识。

国内法律规范主要包括《中华人民共和国网络安全法》《中华人民共和国个人信息保护法》《中华人民共和国电信条例》和《关于进一步规范移动智能终端应用软件预置行为的通告》等。

(2) 为个人的智能手机安装手机杀毒防护软件。

手机杀毒防护软件包括 QQ 手机管家、360 手机卫士、金山手机卫士等。这些防护软件都具有手机扫描、病毒查杀、防护监控、骚扰拦截、清理加速等基本功能。正确使用这些软件，例如定期对手机进行杀毒操作，可以在一定程度上抵制信息安全威胁带来的影响。

(3) 充分利用智能手机自带的安全防护措施。

比如做好账户管理和认证，设置开机密码或者手势密码，对已安装应用程序的敏感权限进行管理等。

(4) 关注 SIM 卡安全。

防范途径：在丢失手机后，应及时拨打运营商电话远程挂失 SIM 卡；为 SIM 卡设置 PIN(Personal Identification Number，个人身份识别码) 密码，在重启手机或更换手机后，必须输入 PIN 码才能使用 SIM 卡。

(5) 关注无密码 WiFi 攻击。

无密码 WiFi 攻击是指攻击者通过利用开放的无线网络 (如公共场所、咖啡店等) 的漏洞，获取未经授权的访问权限。这种攻击方式不需要用户输入任何密码或进行身份验证，因此非常容易被攻击者利用。

攻击者可以通过以下几种方式来实施无密码 WiFi 攻击：

① 欺骗攻击：攻击者会伪装成一个合法的 WiFi 网络，诱骗用户连接并输入密码。

② 中间人攻击：攻击者可以在用户和 WiFi 网络之间插入自己的设备，从而窃取用户的敏感信息。

③ ARP(Address Resolution Protocol，地址解析协议) 欺骗攻击：攻击者可以伪造 IP 地址，使设备无法正确地将数据发送到目标网络，从而获得未授权的访问权限。

④ 暴力破解攻击：攻击者可以使用大量的计算资源尝试猜测 WiFi 密码，直到成功为止。

4. 任务总结

为了避免无密码 WiFi 攻击，用户应该采取以下措施：

(1) 避免连接未知的公共 WiFi 网络。

(2) 使用 VPN(Virtual Private Network，虚拟专用网络) 等加密工具保护自己的网络连接。

(3) 不要在公共 WiFi 网络上输入敏感信息，如银行账号、密码等。

(4) 定期更改 WiFi 密码，并确保密码强度足够高。

◎ 项目总结

移动智能终端的配置与应用是一个广泛而关键的话题，主要包括以下内容：

(1) 配置：移动智能终端的配置包括处理器、内存、存储、操作系统和网络连接等。合理的配置可以影响终端的性能、响应速度和多任务处理能力。

(2) 应用：移动智能终端的应用涵盖了各种任务和功能，包括但不限于通信、社交媒体、娱乐、办公、导航、支付等。应用软件的选择和使用对用户体验至关重要。

(3) 多媒体功能：移动智能终端通常配备了强大的多媒体功能，包括拍照、录像、音频播放和视频播放等。这些功能提供了丰富的娱乐、创作和共享体验。

(4) 移动互联网：移动智能终端通过无线网络连接让用户随时随地访问互联网。这为用户提供了信息获取、社交交流、在线购物等许多便利和可能性。

(5) 安全和隐私：移动智能终端的使用也带来了安全和隐私方面的考虑。用户需要采取各种措施，例如设置密码、使用安全应用程序、保护个人数据等，以确保终端的安全和隐私。

(6) 应用商店和开发者生态系统：移动智能终端的应用是通过应用商店获取和下载的。应用商店为用户提供了丰富的应用选择，同时也为开发者提供了开发和推广应用的平台。

(7) 更新和维护：移动智能终端的操作系统和应用程序需要定期更新和维护，以获得安全性、性能改进和新功能。用户应确保及时更新终端软件，并在必要时进行维护和故障排除。

移动智能终端的配置与应用既充满挑战，又带来了一定的成就感与乐趣。了解和掌握移动智能终端的配置要点，选择适合自己需求的应用，以及采取相关安全、隐私和维护措施，有助于用户充分发挥移动智能终端的功能和潜力。

☀ 习题

1. 移动智能终端的配置方面有哪些重要因素需要考虑？
2. 移动智能终端的操作系统是什么？列举至少 3 种常见的移动操作系统。
3. 列举 3 种类型的移动应用程序，并说明它们在移动智能终端中的应用场景。
4. 简述保障智能手机个人信息安全的常用措施。

* 模块 三

服务器的基础配置与管理

项目 7 牢固可靠——服务器的安装与配置

知识目标

1. 了解服务器硬件组成的特点；
2. 了解服务器操作系统的常识。

能力目标

1. 能够做好服务器硬件组装与基础配置；
2. 能够做好服务器操作系统的安装与配置。

素养目标

1. 聚焦国产服务器操作系统的发展，树立爱国求知的理想信念；
2. 具备开源思想；
3. 树立服务意识。

学习情境

随着信息技术的发展，计算机网络已广泛地应用于社会各个领域，很多企事业单位、机关学校等都组建了内部的局域网络，并与 Internet 相连。网络应用与网络服务成为获取信息的重要方式、提高效率的手段和相互沟通的便捷途径。

服务器被称为网络的灵魂，它既可以通过局域网对内提供服务，又可以通过广域网对外提供服务。由于服务器需要提供高可靠的服务，因此对其处理能力、稳定性、可靠性、安全性、可拓展性、可管理性等方面要求较高。

任务 7.1 了解服务器的分类与组成

服务器是计算机的一种，是网络中为客户端计算机提供各种服务的高性能的计算机。

服务器和普通计算机的功能是类似的，只是相对于普通计算机，服务器在稳定性、安全性、数据处理能力等方面的要求都更高，因此 CPU、芯片组、内存、磁盘系统、网络等硬件和普通计算机有所不同。具体来说，服务器与普通计算机的主要区别包括：

(1) 通信方式为一对多：个人计算机、平板、手机等固定或移动的网络终端与外界沟通时，必然要经过服务器，服务器通过"一对多"来组织和管理这些设备。

(2) 资源通过网络共享：服务器通过侦听网络上其他终端提交的服务请求，为网络用户提供集中计算、信息发布及数据管理等服务。

(3) 硬件性能更加强大：服务器的高性能主要体现在高速度的运算能力、长时间的可靠运行、强大的外部数据吞吐能力等方面。

7.1.1　服务器的分类

服务器的分类标准是多元化的，目前主要可按产品形态、指令集架构、处理器数量、应用类型等进行分类，如表 7-1 所示。

表 7-1　服务器的分类

按产品形态分	塔式	机架式	刀片式
按指令集架构分	CISC(复杂指令集)	RISC(精简指令集)	VLIW(超长指令字)
按处理器数量分	单路	双路	多路
按应用类型分	文件服务器	数据库服务器	应用程序服务器

下面按产品的形态介绍主要的服务器类型。

1. 塔式服务器

塔式服务器的外形及结构和我们平时使用的立式 PC 差不多，如图 7-1 所示。由于服务器的主板扩展性较强、插槽也更多，其体积比普通主板大一些，因此塔式服务器的主机机箱也比标准的 ATX 机箱要大，一般都会预留足够的内部空间以便日后进行硬盘和电源的冗余扩展。

图 7-1　塔式服务器

因为塔式服务器的机箱比较大，服务器的配置也可以很高，冗余扩展可以很齐备，所以它的应用范围非常广，是目前使用率最高的一种服务器。

目前常见的入门级和工作组级服务器基本上都采用塔式服务器，不过由于只有一台主机，即使进行升级也比较有限。在一些应用需求较高的企业中，单机服务器无法满足要求，需要多机协同工作，而塔式服务器个头太大，独立性太强，协同工作时在空间占用和系统管理上都不方便。不过，总的来说，塔式服务器的功能、性能基本上能满足大部分企业用户的要求，其成本通常也比较低，因此这类服务器的应用范围还是非常广泛的。

2. 机架式服务器

作为为互联网设计的服务器，机架式服务器是一种外观按照统一标准设计的服务器，配合机柜统一使用，如图 7-2 所示。可以说机架式服务器是一种结构优化的塔式服务器，它的设计宗旨主要是尽可能减少服务器对空间的占用，而减少空间的直接好处就是在机房托管的时候价格会便宜很多。

图 7-2　机架式服务器

很多专业网络设备都是采用机架式的结构（多为扁平式，就像个抽屉），如交换机、路由器、硬件防火墙等。机架式服务器的宽度为 19 英寸（1 英寸 = 25.4 mm），高度以 U 为单位（1U = 1.75 英寸 = 44.45 mm），通常有 1U、2U、3U、4U、5U、7U 等几种标准的服务器。机柜的尺寸也采用通用的工业标准，通常从 22U 到 42U 不等；机柜内按 U 的高度有可拆卸的滑动托架，用户可以根据自己服务器的标高灵活调节高度，以存放服务器、集线器、磁盘阵列柜等网络设备。服务器摆放好后，它的所有 I/O 线全部从机柜的后方引出（机架式服务器的所有接口也在后方），统一安置在机柜的线槽中，一般贴有标号，便于管理。

因为机架式服务器的空间相比塔式服务器大大缩小，所以这类服务器在扩展性和散热问题上受到了一定的限制。其配件也要经过一定的筛选，一般无法实现完整的设备扩展，所以单机性能就比较有限，应用范围也比较有限，只能专注于某一方面的应用，如远程存储和 Web 服务的提供等。

3. 刀片服务器

刀片服务器是一种 HAHD(High Availability High Density，高可用高密度) 的低成本服务器平台，是专门为特殊应用行业和高密度计算机环境设计的（如图 7-3 所示），适用于数码媒体、医学、航天、军事、通信等多个领域。其中每一块"刀片"实际上就是一块系统主板，它们可以通过本地硬盘启动自己的操作系统，如 Windows Server、Linux、Solaris 等，类似于一个个独立的服务器。

图 7-3　刀片服务器

在这种模式下，每一个主板运行自己的系统，服务于指定的不同用户群，相互之间没有关联。不过可以用系统软件将这些主板集合成一个集群服务器。在集群模式下，所有的主板可以连接起来提供高速的网络环境，可以共享资源，为相同的用户群服务。在集群中插入新的"刀片"，就可以提高整体性能。由于每块"刀片"都是热插拔的，系统可以轻松地进行替换，并且维护时间可降至最低。值得一提的是，系统配置可以通过一套智能 KVM(Keyboard Video Mouse，键盘、视频和鼠标) 和 9 个或 10 个带硬盘的 CPU 板来实现。CPU 可以配置为不同的子系统。一个机架中的服务器可以通过新型的智能 KVM 转换板共享一套光驱、软驱、键盘、显示器和鼠标，以访问多台服务器，从而便于进行升级、维护和访问服务器上的文件。

7.1.2　服务器的主要硬件

服务器主要由电源、CPU、内存、硬盘、风扇等几部分组成。图 7-4 所示为 Dell EMC PoweEdge R7525 服务器的内部结构。

1. 服务器 CPU

服务器的
硬件组成

服务器 CPU 就是在服务器上使用的 CPU。目前，服务器 CPU 按 CPU 的指令系统来区分，通常分为 CISC 型 CPU 和 RISC 型 CPU 两类，后来又出现了一种 64 位的 VLIM(Very Long Instruction Word，超长指令集架构) 指令系统的 CPU，而 Intel 称该架构为 EPIC(Explicitly Parallel Instruction Computer，精确并行指令计算机)。

需要注意的是，每一台服务器中不是只能包含一个 CPU，而是可以容纳多个。一般企业里的服务器，CPU 个 (颗) 数为 2 ～ 4，单个 (颗)CPU 是四核以上。

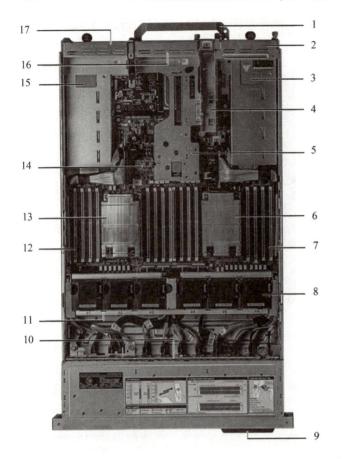

1—手柄；
2—提升板 1 挡片；
3—电源装置 (PSU 1)；
4— Boss S2 卡插槽；
5—提升板 2；
6—处理器 1 的散热器；
7—适用于处理器 1 的内存 DIMM 插槽
　　(E、F、G、H)；
8—冷却风扇组件；
9— 服务编号；
10—驱动器背板；
11—冷却风扇固定框架部件；
12—适用于处理器 2 的内存 DIMM 插
　　槽 (A、B、C、D)；
13—适用于处理器 2 的散热器；
14—系统板；
15—电源装置 (PSU 2)；
16—提升板 3 挡片；
17—提升板 4 挡片。

图 7-4　Dell EMC PowerEdge R7525 服务器的内部结构

2. 服务器内存

内存是 CPU 和硬盘之间的缓冲设备，是临时存储器（用于存放数据），这就意味着，如果突然断电，那么位于内存中的数据很可能会丢失。

服务器内存与普通 PC 内存相比在外观和结构上没有什么明显实质性的区别，如图 7-5 所示。主要是服务器内存引入了一些新的特有的技术，如 ECC(Error Correcting Code，错误检查和纠正)、ChipKill、热插拔技术等，具有极高的稳定性和纠错性能，普通 PC 内存在服务器上一般是不可用的。

图 7-5　服务器内存

3. 服务器硬盘

服务器的硬盘接口按传输速率由低到高排序大致为：SATA、SAS、SCSI、NVMe 和光纤。实际传输速率还会受到硬盘类型、系统配置和其他因素的影响。在选择服务器硬盘接口时，应根据具体的应用需求、性能要求、成本预算以及系统的可扩展性进行综合考虑。

RAID(Redundant Array of Independent Disks，独立磁盘冗余阵列)，是一种通过将多块硬盘组合成一个整体，以实现数据冗余备份或提升存储性能的技术。RAID 技术广泛应用于服务器、NAS 系统、数据中心等场景，以提高数据存储的安全性、可靠性和性能。

4. 服务器主板

对于服务器而言，稳定性才是首要的，服务器必须承担长年累月高负荷的工作，而且不能像台式机一样随意地重启动。为了提高其可靠性，部件的冗余技术必不可少，而这一切的支持都落在主板的肩上。服务器主板如图 7-6 所示。

图 7-6　服务器主板

服务器主板的主要特性如下：

(1) 服务器的可扩展性决定它们的专用板型为较大的 ATX、EATX(Extended ATX，扩展的 ATX) 或 WATX。中高端服务器主板一般都支持多个处理器，所采用的 CPU 也是专用的 CPU。

(2) 主板的芯片组也采用专用的服务器/工作站芯片组，如 Intel E7520 等。不过入门级的服务器主板一般都采用高端的台式机芯片组，如 Intel 875P 芯片组。

(3) 服务器通常要扩展板卡 (如网卡、SCSI 卡等)，因此服务器主板上会有较多的 PCI、PCI-X、PCI-E 插槽。

(4) 服务器主板承载了管理功能，一般都会集成各种传感器，用于检测服务器上的各种硬件设备，同时配合相应的管理软件，可以远程检测服务器，从而使网络管理员对服务器系统进行及时有效的管理。

(5) 在内存支持方面，由于服务器要适应长时间、大流量的高速数据处理任务，服务器主板能支持高达十几吉字节甚至几十吉字节的内存容量，而且大多支持 ECC 内存以提高可靠性 (ECC 内存是一种具有自动纠错功能的内存，由于其优越的性能，造价也相当高)。

(6) 在存储设备接口方面，中高端服务器主板多采用 SCSI 接口、SATA 接口而非 IDE 接口，并且支持 RAID 方式以提高数据处理能力和数据安全性。

(7) 在显示设备方面，服务器与工作站有很大不同，服务器对显示设备要求不高，一般多采用整合显卡的芯片组。例如，在许多服务器芯片组中都整合了 ATI RAGE XL 显示芯片，要求稍高点的就采用普通的 AGP 显卡。而如果是图形工作站，那么一般都选用高端的专业显卡。

(8) 在网络接口方面，服务器/工作站主板也与台式机主板不同，服务器主板大多配备双网卡甚至双千兆网卡，以满足局域网与 Internet 的不同需求。

5. 服务器电源

服务器电源就是指在服务器上使用的电源，它和个人电脑电源一样，都是一种开关电源。另一方面，为了保证服务器硬件的安全性以及系统的稳定性，需要有一个优质的电源作保障。计算机电源按照标准分为 ATX 和 SSI(Server System Infrastructure，服务器系统架构) 电源两种。ATX 电源使用较为普遍，主要用于台式机、工作站和低端服务器；而 SSI 电源适用于各种档次的服务器。

另外，需要注意的是，在实际使用场景中，如果只是配置一个服务器负责核心业务，最好使用双电源，并且分别接不同的机房线路；如果服务器是集群中的一台，则可以不用双电源。

任务 7.2　服务器整机上架安装

服务器整机上架安装是一个关键的过程，是确保服务器的安全和正常运行的前提条件。服务器整机上架安装的步骤如下：

(1) 确定合适的位置。选择一个适当的位置，确保有足够的空间来安装服务器，并提供良好的通风。

服务器的硬件组装

(2) 准备服务器架。确保服务器架 (机柜) 符合服务器的尺寸要求，并具备良好的结构和承重能力。检查架上的附件，如滑轨、电源分配单元等。

(3) 准备工具和材料。准备安装所需的工具，如螺丝刀、扳手和电缆管理工具。此外，检查是否有足够数量的安装螺钉和螺栓。

(4) 安装滑轨。如果服务器支持滑轨安装，则将滑轨安装到服务器机架上。各个厂家的滑道结构可能会有所不同，必须参照对应的说明资料进行安装，常见的滑轨如图 7-7 所示。确保滑轨与服务器紧密连接，并能够平稳地滑动进入机架中，如图 7-8 所示。

图 7-7 常见的滑轨

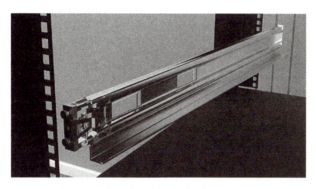

图 7-8 将滑轨安装到机柜的预定位置

(5) 将服务器放置在机架上。将服务器水平推入滑轨，然后用螺丝刀拧紧服务器面板上的固定螺钉 (如图 7-9 所示)，确保服务器安稳地放置在机架上，以避免后续震动或移动。

图 7-9 将服务器安装到机架上

(6) 连接电源和电缆。将服务器的电源线插入机柜的电源分配单元中，并确保电源连接牢固。正确连接服务器和网络电缆，以实现数据和网络连接。

(7) 管理电缆。使用电缆管理工具来整理和安放电缆，确保它们整齐、有序地连接到服务器和其他设备。

(8) 连接其他设备。如果有其他设备需要连接到服务器，如存储设备或网络设备，确保正确连接并进行测试。

(9) 启动服务器。确认所有必需的连接都已完成后，启动服务器并确保它正常运行和响应。

(10) 测试服务器的功能。进行初步测试，确保服务器正常工作，并对必要的操作系统或网络设置进行配置。

整机上架安装需要严格遵守制造商提供的安装指南和安全规程。如果不确定如何进行安装或需要专业人士的帮助，需咨询相关技术支持人员或寻求专业服务。

任务 7.3 服务器操作系统的安装与配置

7.3.1 Linux 服务器操作系统

服务器操作系统根据核心代码是否开放可分为开源和闭源两类。闭源操作系统以 Windows Server 为代表，开源操作系统以基于 Linux Kernel 的各种操作系统为主，开放、开源是软件技术创新的重要途径。

Linux 具有开放源码、没有版权、技术社区用户多等特点，使得用户可以自由定制，灵活性高，功能强大，成本低，因此得到了来自全世界软件爱好者、组织、公司的支持。Linux 操作系统具有以下特点：

(1) 开源社区是 Linux 操作系统的创新源泉和主要的开发场所。Linux 操作系统发行版分为社区版和商业版。社区版数量较多，开发和维护的主体是开源社区。成熟的开源社区通常由相应的开源基金会 (或者项目委员会) 进行管理。社区的开源基金会 (委员会) 一般由开源贡献方进行赞助和决策支持。

(2) 许多开源社区背后都有一个主导企业，为社区提供资金和研究支持。例如，Fedora 社区的核心开发者中 1/3 是红帽的正式雇员。通过资助和维护开源社区的方式，企业可以发挥研究力量的"杠杆"作用，通过向社区输入自有的研究资源，吸引更多的外部贡献者参与进来，扩大创意来源。另一方面，开源社区版本也成为企业扩大技术影响力的重要途径。

(3) Linux 基金会把 IT 企业和开源软件资源的关系划为：使用者—参与者—贡献者—引导者 4 个层次。随着层次的提升，开源软件企业的商业模式由工程驱动型逐渐转变为商业策略驱动型。

(4) Linux 开源的引领者在向全球贡献源代码的同时，可确保自己的技术架构和 Linux 内核版本保持高度兼容，甚至可以将自身的技术理念通过贡献源代码的方式注入开源架构中，从根源上扩大自身的技术影响力。另一方面，独立的开发者群体赋予了开源软件的创新源泉，而有组织的 IT 企业的参与则进一步增强了开源软件的商用潜力。

7.3.2 国产服务器操作系统

近年来国产应用软件发展迅速，信创产业持续壮大，但更为底层的服务操作系统等基础软件还未形成良好的生态圈，无论是开源软件还是闭源软件，根技术仍无法实现完全自主掌控。服务器操作系统作为核心基础软件，

服务器
操作系统

是其中的战略要塞。例如，中国各行各业的企业广泛采用的服务器操作系统 CentOS，它是 RHEL 的下游版本，也是 RHEL 再编译后的开源版本，继承 RHEL 稳定、可管理、可复现等优势。但是，CentOS 官方宣布在 2021 年 12 月 31 日停止对 CentOS Linux 8 的维护，且不会再提供 CentOS Linux 9 及后续版本。虽然它们将会提供 CentOS Stream 版本，但是 CentOS Stream 是一个滚动升级版本，不再是 Red Hat Enterprise Linux 的复刻版本，系统的稳定性和兼容性可能无法得到保障，其在生产环境上使用存在的风险未知。因此，在政府、金融、电信等领域对于稳定性要求极高的用户，需要将操作系统迁移至能够满足需求的新的服务器操作系统上，这也为本土国产开源社区的服务器操作系统厂商创造了庞大的市场空间。目前的本土社区主要有以下 3 个：

(1) openEuler 社区：它的前身是华为自主研发的 EulerOS，华为于 2021 年 11 月正式将欧拉开源操作系统全量代码、品牌商标和社区基础设施等相关资产捐赠给开放原子开源基金会。

(2) openAnolis 龙蜥社区：2021 年 10 月 19 日，阿里云发布全新操作系统"龙蜥"并宣布开源，2021 年 11 月龙蜥社区宣布将龙蜥操作系统捐赠给开放原子开源基金会。

(3) openCloudOS 开源操作系统社区：openCloudOS 沉淀了腾讯及多家厂商在软件和开源生态的优势，在云原生、稳定性、性能、硬件支持等方面均有坚实支撑，可以平等全面地支持所有硬件平台，是由操作系统、云平台、软硬件厂商与个人共同倡议发起的操作系统社区项目，目前由开放源基金会托管和监督。

以 5G、智能计算中心为代表的新兴基础设施的不断建设，持续推动中国服务器及服务器操作系统需求量的增长。国产的服务器操作系统已被广泛应用在国计民生行业，如电信、金融等行业。欧拉系统是国产服务器操作系统的杰出代表之一，它通过产业共建，构建了物、云、边、端的统一生态，具有完备的全栈生态体系。

openEuler 是一款开源、免费的操作系统，由 openEuler 社区运作。当前 openEuler 内核源于 Linux，支持鲲鹏及其他多种处理器，能够充分释放计算芯片的潜能，是由全球开源贡献者构建的高效、稳定、安全的开源操作系统，适用于数据库、大数据、云计算、人工智能等应用场景。

openEuler 通常有两种版本：一种是创新版本，支撑 Linux 爱好者技术创新，内容较新，如 openEuler 20.09，通常半年发布一个新的版本；另一种是 LTS 版本，是 openEuler 操作系统发行版的稳定版本，如 openEuler LTS 20.03，通常两年发布一个新的版本。

7.3.3　openEuler 操作系统的安装与配置

openEuler 安装方式和其他操作系统一样，支持各种类型的安装方式。通常在少量安装时，采用 U 盘、光盘或者虚拟光驱的方式安装；在批量安装时，采用 PXE(Preboot eXecution Environment，预启动执行环境) 引导的方式安装。下面以虚拟光驱引导方式安装系统为例，在虚拟机中完成 openEuler 操作系统的安装。

openEuler 操作系统的安装

安 装 之 前 需 要 先 安 装 虚 拟 化 软 件，如 VirtualBox、VMware

Workstation 或 FusionCompute，创建裸虚拟机，并为此虚拟机分配合适的 CPU、内存和硬盘空间。openEuler 所需的最小虚拟化空间要求如表 7-2 所示。

表 7-2　openEuler 所需的最小虚拟化空间要求

部件名称	最小虚拟化空间要求
CPU	2 个 CPU
内存	不小于 4 GB
硬盘	不小于 32 GB

(1) 打开 VMware Workstation 软件，单击"新建"，通过新建虚拟机向导，做好环境的配置，如图 7-10 所示。

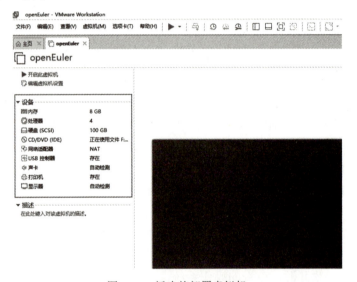

图 7-10　新建并部署虚拟机

(2) 虚拟机部署完成后，加载 openEuler 操作系统的 ISO 镜像文件，如图 7-11 所示。

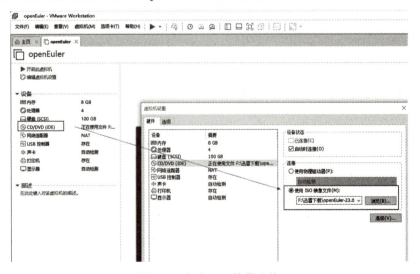

图 7-11　加载 ISO 镜像文件

(3) 启动虚拟机，出现如图 7-12 所示的安装提示。

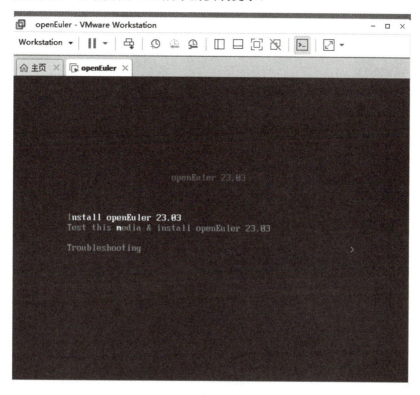

图 7-12　安装提示

(4) 根据系统的提示，按上下方向键，选中"Install openEuler 23.03"，然后按回车键，出现如图 7-13 所示的安装语言选择界面，这里选择中文，单击"继续"，按提示进行安装。

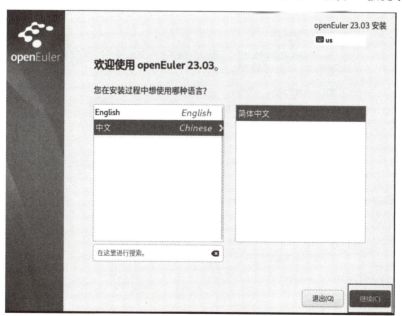

图 7-13　安装语言选择

(5) 在安装过程中，要先完成如图 7-14 所示带标记的内容，选择安装目的地，并完成 root 账户设置。

图 7-14　选择安装目的地

(6) 选择启用 root 账户，如图 7-15 所示。此处要设置高复杂度密码（包含大小写字母、数字及特殊字符中的 3 种及以上），设置完成后单击左上角的"完成"。

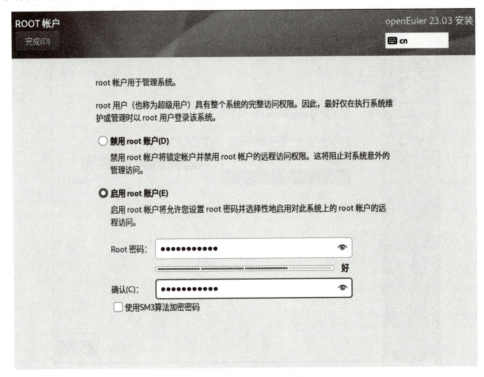

图 7-15　启用 root 账户

（7）待系统安装完成后，单击右下角的"重启系统"，如图 7-16 所示。

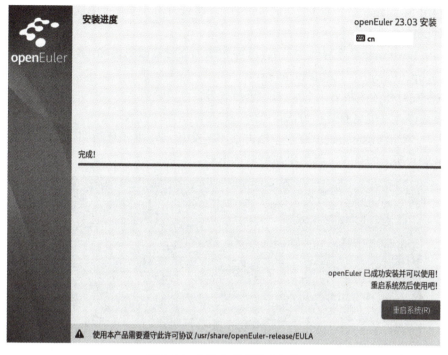

图 7-16　安装完成后重启系统

（8）系统重启后，输入密码，使用 root 用户登录系统。注意：在输入密码时，系统不会有任何反馈，保证输入密码正确即可，如图 7-17 所示。

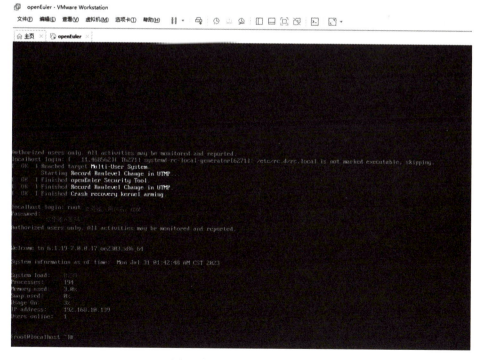

图 7-17　输入密码登录系统

(9) 操作系统安装完成后，可以通过主机名的管理来熟悉 openEuler 的界面和命令格式。

① 利用 hostname 命令查看主机名，也可以通过查看主机名的配置文件 /etc/hostname 来查看主机名。

② 利用 hostname 命令修改主机名，这种方法为临时修改主机名，重启即失效。格式为：

[root@openEuler ~]# hostname huawei

该命令临时修改主机名为 huawei，重启失效。

③ 永久修改主机名有两种方法。

方法一：使用 hostnamectl 命令，该方法不需要重启，重新登录即可完成主机名修改。输入如图 7-18 所示的命令，将主机名修改为 lyx。

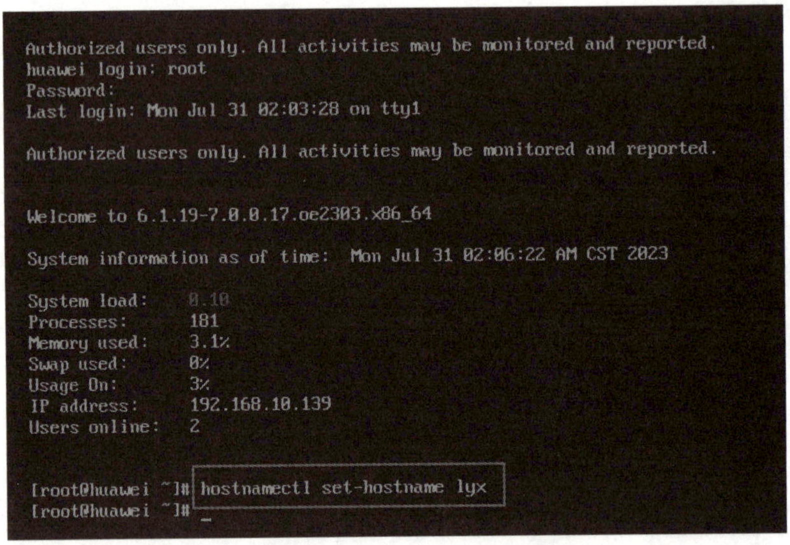

图 7-18　修改主机名

修改后，可通过切换终端，查看是否修改成功，如图 7-19 所示。

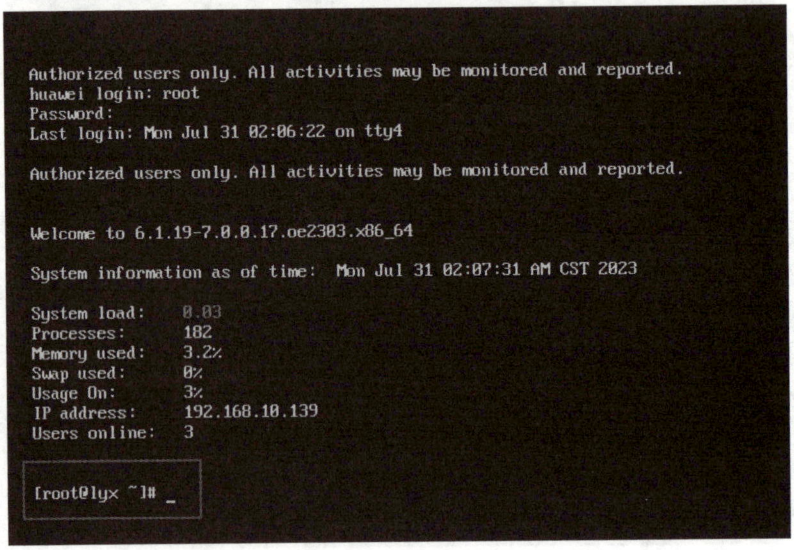

图 7-19　切换终端查看主机名修改情况

方法二：通过修改配置文件来修改主机名，该方法需要重启才可以生效，具体命令如下：

[root@lyx ~]# vim /etc/hostname

[root@lyx ~]# reboot

任务 7.4　服务器常见故障诊断与维修

7.4.1　服务器故障维修注意事项

服务器故障
维修注意事项

1. 服务器故障维修注意事项

当服务器出现故障需要进行维修时，需要注意以下事项：

(1) 故障诊断：首先需要对故障进行诊断，确定具体的问题所在。这包括查看错误日志、监控系统以及与服务器相关的其他信息，确保正确诊断问题，以便采取适当的维修措施。

(2) 紧急备份：在进行维修之前，务必进行紧急备份。这可以防止数据丢失或不可逆的损坏。紧急备份包括所有重要数据和配置文件。

(3) 了解硬件：在进行维修之前，应了解服务器的硬件配置，包括处理器、内存、硬盘等信息。这将有助于更好地理解服务器的工作原理和可能存在的问题。

(4) 断电：在进行维修之前，务必断开服务器的电源，并确保电源线已拔下。这样可以确保维修过程中的人身安全，并避免出现电气问题。

(5) 使用正确的工具：为了进行有效的维修，应确保使用正确的工具和设备，包括螺丝刀、电缆、测试仪器等。使用正确的工具可以减少损坏风险，提高维修效率。

(6) 维修技术：维修服务器通常需要具备一定的技术知识和经验。如果你不确定如何进行维修，建议寻求专业的技术支持，或聘请专业人员进行维修。

(7) 记录维修过程：在维修过程中，建议记录详细的步骤和操作。这有助于之后的故障排除和备忘，可为将来的维修提供参考。

(8) 测试和验证：修复问题后，进行全面的测试和验证，确保服务器正常运行并且之前的问题已经解决。这包括检查功能、性能和网络连接等。

(9) 预防措施：在维修完成后，采取预防措施以防止潜在的故障再次发生。这包括定期维护、更新和监控，以确保服务器的稳定性和安全性。

需要注意的是：服务器维修可能涉及专业知识和风险，如果不确定或无法自行维修，必须寻求专业支持或咨询。

2. 服务器故障排错的基本原则

服务器故障排错有以下 3 条基本原则：

(1) 尽量恢复系统缺省配置。

(2) 从基本到复杂。

(3) 交换对比。

3. 服务器的故障诊断流程

服务器故障诊断是一个有序而系统性的过程，以下是一般性的服务器故障诊断流程。

(1) 收集信息：收集尽可能详细的信息，包括服务器故障的具体症状、错误消息、日志文件、监控数据等。这些信息可以帮助用户了解故障的性质和影响，并指导后续的故障诊断。

(2) 故障分类：根据收集到的信息，尝试对故障进行分类。例如，故障可以分为硬件故障、软件故障、网络故障等。这有助于缩小故障的范围，并指导后续的排查方向。

(3) 确定故障影响范围：确定故障是否影响整个服务器系统，还是仅限于特定的应用程序、服务或组件。这有助于限定故障的范围，减少不必要的排查。

(4) 初步诊断：根据故障分类和影响范围进行初步的诊断。尝试找出可能的原因或问题，这可能需要检查配置文件、系统状态、硬件连接等。使用收集到的信息和适当的工具进行排查。

(5) 根本原因分析：如果初步诊断无法确定引起故障的根本原因，那么应进行更深入的分析。这可能需要仔细检查日志文件、系统配置、网络连接等，以找出引起故障的具体因素。

(6) 排除可能性：根据故障的根本原因，逐个排除可能存在的问题。这可能需要实施一系列的测试和验证，并基于故障排除原则逐步缩小问题的范围。

(7) 验证修复：如果在故障排查过程中进行了修复操作，务必进行验证，确保修复后服务器正常运行。验证通常需要进行功能测试、性能测试、网络连接测试等。

(8) 文档记录：在进行故障诊断的过程中，及时记录相关信息和操作步骤。这有助于备忘和为将来的故障排查提供参考。记录的信息可包括问题描述、诊断过程、修复操作和结果等。

(9) 预防措施：在故障得到修复后，评估可能的预防措施。这包括定期维护、更新软件和驱动程序、备份数据、加强安全措施等，以防止类似故障再次发生。

具体的故障诊断流程可能因不同的服务器配置和问题而有所不同。在遇到复杂故障或不确定的情况下，建议寻求专业人员的支持。

4. 服务器硬件维护注意事项

服务器硬件维护注意事项有以下几条：

(1) 只有合格的技术人员才可以对服务器进行检查和设置。

(2) 系统电源开关：系统前面板上的直流电源开关并不能关闭系统电源的交流输入，在设置之前，必须拔下系统交流电源电缆。

(3) 系统外接设备：必须拔下系统外接网线等外接设备，否则可能会对人员或设备造成意外伤害。

(4) 静电保护措施：静电会对主板、硬盘、板卡和系统的其他部件造成损害，在对系统硬件进行设置时，最好在防静电环境下进行。

(5) 静电释放和板卡持拿：因为板卡上的芯片对静电特别敏感，持拿板卡时必须小心，只能接触主板的边沿。当板卡暂时不用时，必须放回专用的防静电袋中，芯片朝上放在接地平台上。

(6) 机箱盖：为了系统正常散热和空气流通，在系统上电前一定要安装机箱盖，否则会对系统部件造成损害，机架式服务器要特别注意这一点。

(7) 确保在各种板卡部件和机箱之间不存在短路。

(8) 连接机箱扬声器连线和电源指示灯 LED 连线到主板。

(9) 检查主板等部件的跳线设置是否正确。

7.4.2　服务器常见故障处理

1. 硬盘无法识别类故障

故障现象：

(1) 检测不到硬盘；

(2) 检测到硬盘数量不正确；

(3) 开机自检硬盘报错；

(4) 硬盘亮红灯；

(5) 阵列中硬盘频繁掉线。

服务器常见
故障处理

处理方法：

(1) 重新拔插硬盘电源及数据线缆，注意是否有接触不良的问题。

(2) 更换硬盘至原先可正常检测到的槽位，如果仍然检测不到则可能存在硬盘损坏故障。

(3) 确定 BIOS 中是否设置了正确的参数，如图 7-20 所示。

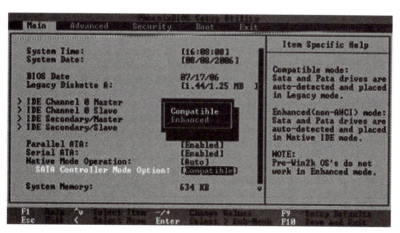

图 7-20　检查 BIOS 中的硬盘设置

(4) 检查 RAID 控制器中的硬盘参数配置。

(5) 检查硬盘背板是否有故障。

(6) 检查磁盘控制器是否存在故障。

2. 服务器开机无显示故障

故障现象：开机没有任何显示。

处理方法：

(1) 检查供电环境，供电线缆连接是否正常，电压是否正常。

(2) 检查电源指示灯是否正常。

(3) 按下电源开关时，检查键盘上的指示灯是否正常，风扇转动是否正常。

(4) 更换显示器，观察能否正常启动。

(5) 检查内存和 CPU 插得是否牢靠。

(6) 去掉增加的内存。

(7) 去掉增加的 CPU。

(8) 去掉增加的第三方 I/O 卡。

(9) 清除 CMOS。

(10) 更换主要备件，如主板、内存和 CPU。

3. 风扇故障类

故障现象：风扇转速异常。

处理方法：

(1) 通过降速调节软件，设置相关参数实现自动调节转速。

(2) 通过修改 BIOS 参数，实现对风扇转速的控制。

(3) 有时风扇故障可能由槽位或其他因素引起，可以通过交换风扇测试确定可能的原因。

4. 操作系统故障问题

故障现象：系统不能正常启动。

处理方法：

(1) 系统不能正常启动，可能是系统本身故障，可重装系统测试。

(2) 查看系统相关日志和启动信息，测试相关部件。

(3) 分区不能挂载问题：可以检查挂载设备是否正确连接，是否工作正常。

(4) 系统驱动问题：驱动制作不正常或驱动错误导致安装系统时蓝屏或找不到硬盘，可以通过 BIOS 设置，修改系统引导盘。

任务 7.5　实战演练：服务器的硬件更换与配置

7.5.1　服务器主要部件的更换维护

1. 训练目的

(1) 了解服务器的硬件组成。

(2) 完成硬件的更换维护。

2. 训练内容

服务器厂家与型号众多，本训练以常规的机架式服务器为例练习硬盘、电源、风扇和内存等硬件的更换和扩充操作。

3. 具体过程

1) 更换组件前准备

(1) 佩戴防静电手套或防静电腕带，做好防静电接地。

(2) 关闭系统，包括所有连接的外设。

(3) 断开系统与电源插座和外围设备的连接。

2) 更换或扩充硬盘模块

(1) 按压硬盘解锁按钮，握住手柄取出硬盘，如图 7-21 所示。

图 7-21　取出硬盘

(2) 使用十字螺丝刀，将旧硬盘从驱动器托架上拆除，如图 7-22 所示，安装新硬盘。

图 7-22　拆除旧硬盘后的硬盘托架

(3) 将新硬盘插入服务器硬盘槽位，注意锁紧固定锁扣。

3) 更换或扩充电源模块

(1) 关闭待更换电源模块对应的电源开关，拆除电源模块上的电源线。

(2) 按压电源模块解锁按钮，握住手柄取出电源模块，如图 7-23 所示。

图 7-23　取出电源模块

(3) 将新电源模块安装回服务器，注意锁紧固定锁扣。

4) 更换散热风扇

(1) 服务器散热风扇通常位于机箱内部，更换风扇前需要打开服务器机箱盖板。机箱上通常安装了安全锁，打开安全锁即可卸下服务器盖板，安全锁如图 7-24 所示。

图 7-24　打开服务器盖板安全锁

散热风扇位于机箱内，如图 7-25 所示。

图 7-25　机箱内的散热风扇

(2) 取出旧风扇 (见图 7-26)，更换新风扇，或对旧风扇清洁除尘后装回原位。

图 7-26　服务器风扇

5) 更换或扩充内存模块

(1) 打开服务器盖板，找到待更换/扩充的内存模块插槽。

(2) 向外按压内存插槽两端的固定卡，释放并取出内存条，如图 7-27 所示。

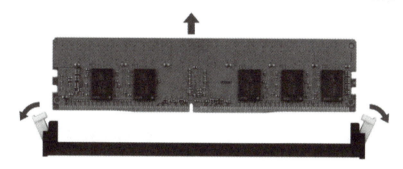

图 7-27　取出内存条

(3) 将新内存模块插入插槽，注意内存条上的缺口与插槽内的凸起对齐，不可装反。

(4) 使用大拇指向下按压内存插槽两端的固定卡，并在内存条顶部均匀用力下压，锁紧内存条。

4. 任务总结

服务器主要部件的更换是确保服务器稳定运行和性能的关键步骤。遵循正确的步骤和安全措施，可以有效地更换和维护服务器的主要部件，并确保其长期可靠性和功能性。

7.5.2　服务器的典型配置：WWW 服务器的配置

1. 训练目的

(1) 理解 WWW 服务原理。

(2) 掌握 Web 站点的创建和配置。

2. 训练内容

本训练练习在运行 Linux 操作系统的服务器 (本实验中用虚拟机来实现) 上搭建 WWW 服务器，用物理机来进行客户端的测试。

3. 具体过程

1) Web 服务器端

(1) 准备工作。

设置防火墙放行所有服务，挂载光盘，清除所有缓存，显示所有仓库，查看有无软件安装源，各命令如下所示，结果如图 7-28 所示。

[root@localhost ~]# firewall-cmd --set-default-zone=trusted # 设置防火墙放行所有服务

[root@localhost ~]# mount /dev/sr0 /mnt/ # 挂载光盘

[root@localhost ~]# yum clean all # 清除所有缓存

[root@localhost ~]# yum repolist # 显示所有仓库

```
仓库标识                  仓库名称                                                         状态
mnt_AppStream            created by dnf config-manager from file:///mnt/AppStream        4,672
mnt_BaseOS              created by dnf config-manager from file:///mnt/BaseOS           1,658
```

图 7-28　查看有无安装源

(2) 配置简单的 httpd 服务。

① 安装 httpd 软件包，命令为：

[root@localhost ~]# yum -y install httpd

② 启动服务，命令为：

[root@localhost ~]# systemctl enable --now httpd

③ 本机访问测试，其页面如图 7-29 所示，使用的命令为：

[root@localhost ~]# firefox http://127.0.0.1

Red Hat Enterprise Linux Test Page

This page is used to test the proper operation of the Apache HTTP server after it has been installed. If you can read this page, it means that the Apache HTTP server installed at this site is working properly.

If you are a member of the general public:

The fact that you are seeing this page indicates that the website you just visited is either experiencing problems, or is undergoing routine maintenance.

If you would like to let the administrators of this website know that you've seen this page instead of the page you expected, you should send them e-mail. In general, mail sent to the name "webmaster" and directed to the website's domain should reach the appropriate person.

For example, if you experienced problems while visiting www.example.com, you should send e-mail to "webmaster@example.com".

For information on Red Hat Enterprise Linux, please visit the Red Hat, Inc. website. The documentation for Red Hat Enterprise Linux is available on the Red Hat, Inc. website.

If you are the website administrator:

You may now add content to the directory /var/www/html/. Note that until you do so, people visiting your website will see this page, and not your content. To prevent this page from ever being used, follow the instructions in the file /etc/httpd/conf.d/welcome.conf.

You are free to use the image below on web sites powered by the Apache HTTP Server:

图 7-29　本机访问测试

④ 编写一个自己的页面文件，httpd 默认网页文件根目录在 /var/www/html 下，默认主页文件的名称为 index.html。进入编辑 index.html 的命令如下：

[root@localhost ~]# vim /var/www/html/index.html

⑤ 再次输入 firefox http://127.0.0.1，测试自己编写的页面文件是否会出现。

⑥ 使用 ifconfig 命令，在虚拟机配置临时 IP 地址（重启失效）：

[root@localhost ~]# ifconfig ens160 172.25.0.11/24

2) 客户端

(1) 修改 Windows 主机中的 hosts 文件（需要使用管理员身份进行修改）。

①单击"开始"菜单→"附件"→"记事本"，以管理员身份打开记事本，如图 7-30所示。

图 7-30　打开记事本

②单击"文件"→"打开"，找到如图 7-31 所示的 hosts 文件。

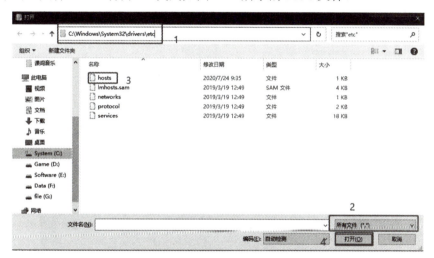

图 7-31　打开 hosts 文件

③在文本的最后面添加一行"172.25.0.11　www0.example.com server0.example.com webapp0.example.com"，如图 7-32 所示。

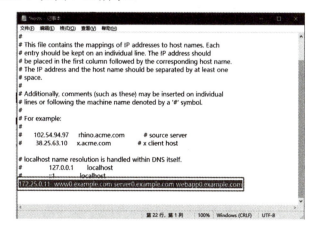

图 7-32　编辑 hosts 文件

(2) 客户端的网络配置。

① 修改 Windows 物理机中 VMware Network Adapter(VMnet1) 的 IP 地址，如图 7-33 所示。修改后 IP 地址为 172.25.0.44，子网掩码为 255.255.255.0。

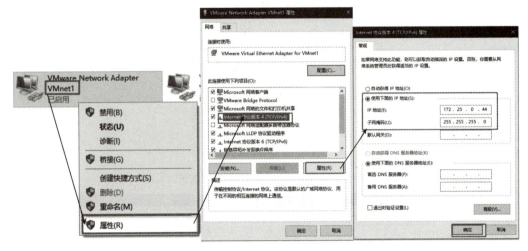

图 7-33　修改 VMnet1 的 IP 地址

② 地址配置完成后，打开 cmd 窗口测试网络的连通性，命令为 ping www0.example .com，如图 7-34 所示。

图 7-34　测试网络连通性

(3) 客户端访问测试。使用物理机浏览器访问 http://www0.example.com/。

4. 任务总结

通过 WWW 服务器的配置，我们了解了基本的服务器设置和管理技能，可满足 Web 应用程序的需求并提供 Web 服务。

◎ **项目总结**

服务器是管理资源并为用户提供服务的计算机设备。由于服务器需要响应服务请求，并进行处理，一般来说服务器应具备承担服务并且保障服务的能力。服务器和普通计算机的功能相似。相对于普通计算机，服务器在稳定性、安全性、数据处理能力等方面都要求更高，因此 CPU、芯片组、内存、磁盘系统、网络等硬件和普通计算机有所不同。

　　本项目简单介绍了服务器的基础配置与管理，对于常见的故障维护与维修，需要在实践中多多积累经验。

习题

　　1. 在选择服务器硬件配置时，需要考虑哪些因素？

　　2. 服务器操作系统有哪些？列举至少 3 种常见的服务器操作系统，并说明其特点。

　　3. 简述服务器内存和硬盘的更换过程。

　　4. 服务器操作系统的选择有哪些常见的选项？每个选项的特点和适用场景是什么？

参 考 文 献

[1]　刘云霞. 计算机维护与维修[M]. 2版. 北京：高等教育出版社，2018.

[2]　陈承欢，赵志茹，肖素华. 计算机组装与维护[M]. 2版. 北京：高等教育出版社，2018.

[3]　戴尔PowerEdge R7525安装和服务手册[M]. Dell Inc.，2023.

[4]　TaiShan 200 服务器(型号2280) VE用户指南[M]. 华为技术有限公司，2023.

[5]　HCIA-openEuler openEuler系统工程师实验指导手册PC版[M]. 华为技术有限公司，2020.

[6]　ThinkPad T14s Gen 1和ThinkPad X13 Gen1用户指南[M]. 联想集团，2020.

[7]　弗若斯特沙利文公司. 2023 年中国服务器操作系统行业市场研究报告[R]. 2023.